JA相談事例集
相続・高齢者取引編

桜井達也（協同セミナー　常務取締役）監修

経済法令研究会

はしがき

　高齢社会を迎え，金融機関の窓口では高齢者に配慮した対応が求められ，また相続の相談も多く寄せられるようになっています。その点は，ＪＡも例外ではありません。

　本書は，信用事業の基本的な法務知識を体系的な解説書等で学習された人達が，より高度で複雑な相談事例に対応できるように，という趣旨で企画し，高齢者対応と相続に焦点を絞って，各信連で現実に受け付けたなまなましい事例を取り上げ，これを業務の手順にそって配列し，読みやすくかつわかりやすいように，「質問」→「実務対応」→「解説」の順に配列してまとめた，実践向けの実務書です。

　法務知識はＪＡ職員が日常業務をスムーズに遂行してゆくうえでのバックボーン（背骨）となるものですから，常日頃の研鑽を欠かせませんし，そのためにとっさの場面で手軽に活用できる参考書を備えておくことも必要とされるでしょう。収録した相談事例がこれで十分というわけでは，もちろんありませんが，きっとお役立ていただけると思います。

　なお，本書の刊行にあたり，資料等のご提供ならびに原稿のご執筆をいただきました各県信連の方々に御礼申し上げますとともに，企画・編集に格別のご協力をいただきました静岡県信用農業協同組合連合会の岩本学氏，石川県信用農業協同組合連合会の北島一治氏に厚く御礼申し上げます。

　最後に，ＪＡバンクで用いている事務手続（統一版）との整合性を含めてご監修いただきました協同セミナー常務取締役桜井達也氏に重ねて御礼申し上げます。

2011年9月吉日

経法ビジネス出版株式会社

──────── 企画・編集・執筆者（五十音順・敬称略）────────

○赤堀三代治（静岡県経済農業協同組合連合会）
○金井　政行（埼玉県信用農業協同組合連合会）
○北島　一治（石川県信用農業協同組合連合会）
○平松　　哲（元静岡県信用農業協同組合連合会）
○堀　　陽介（福岡県信用農業協同組合連合会）
○静岡県信用農業協同組合連合会
　　　　　　　　　　　　／他県信連
○上原　　敬（経済法令研究会）
○髙橋　恒夫（経済法令研究会）
○山岸　　進（経済法令研究会）

◎監修　桜井達也（協同セミナー　常務取締役）

目 次

第1編 相 続

第1章 貯金取引と相続

1 取引先の死亡を知ったときの対応……………………………2
2 共同相続人の1人からの被相続人の貯金残高・取引経過照会……………………………………………………………………8
3 相続貯金を相続取得しなかった共同相続人の1人からの取引経過照会………………………………………………………14
4 貯金者の死亡を知らずにした相続貯金の払戻し……………18
5 相続貯金の葬式費用のための便宜払い………………………22
6 当座勘定取引先死亡後の生前振出の手形・小切手の支払…27
7 当座勘定取引先法人代表者の死亡と代表者変更手続………32
8 相続させる旨の遺言がある場合の相続貯金の払戻し………36
9 遺言がない場合の相続貯金の払戻し…………………………42
10 相続貯金払戻後に遺言にもとづき支払請求を受けた場合の対応方法……………………………………………………………47
11 相続人の中に未成年者がいる場合の相続貯金の払戻し……52
12 相続貯金の法定相続分の払戻し………………………………56
13 相続人の1人が行方不明の場合の相続貯金の便宜払い……62
14 年金受給者死亡後の年金振込対応……………………………66
15 相続貯金の差押え………………………………………………69
16 税理士からの相続財産評価額証明書の発行依頼……………74

17　外国人貯金者の死亡と相続貯金の取扱い……………………………80

第2章　融資取引と相続

  18　貸越のある総合口座取引の相続…………………………………83
  19　貸出先の死亡と貸出金の回収（団信がある場合とない場合）……86
  20　貯金・定期積金担保貸出先等の死亡……………………………91
  21　根抵当権の債務者が死亡した場合の対応方法…………………95
  22　連帯債務者の1人が死亡した場合の対応方法 …………………100
  23　連帯保証人の1人が死亡した場合の対応方法 …………………106
  24　根保証人が死亡した場合の対応方法 ……………………………111
  25　貸付留保金勘定に残高がある状態での借入者の死亡 ………115

第3章　その他信用事業取引と相続

  26　貸金庫取引先の死亡 ………………………………………………118
  27　国債・投資信託契約者の死亡 ……………………………………122

第4章　経済取引・出資の相続

  28　組合員の死亡と購買未収金の取扱い……………………………126
  29　組合員の死亡と出資の取扱い……………………………………133

第２編　高齢者取引

第1章　高齢者との貯金取引

1. 第三者名義貯金の受入 …………………………………………138
2. 言動の不自然な高齢者からの外貨貯金，投信受入 …………141
3. 貯金名義変更の申出（貯金の譲渡）…………………………145
4. 代筆による貯金の払戻し ………………………………………149
5. キャッシュカードの暗証番号失念による暗証番号の照会依頼 ………………………………………………………………152
6. ＡＴＭによる振込で振込金額を間違えた場合の対応方法 ……155
7. ホームヘルパーからの貯金の払戻依頼 ………………………159
8. 老人ホーム職員による入居者の貯金の払戻代行 ……………163
9. 家族による払戻しの申出（病院代，施設利用費等の支払）…167
10. 高齢者本人の払戻請求に応じないで欲しいとの家族からの申出 ……………………………………………………………169
11. 高齢者に対するＪＡカードの推進 ……………………………172

第2章　高齢者との融資取引

12. 意思能力の確認・制限行為能力者との融資取引 ……………175
13. 配偶者による入院者を借入名義人とする入院費用ローンの申込 ……………………………………………………………179
14. 手に障がいのある高齢者との融資取引 ………………………182
15. 保証意思の確認と保証履行時の保証否認 ……………………187
16. 融資実行後の認知症の発症 ……………………………………190
17. 賃貸住宅ローン融資の注意点 …………………………………193

v

第3章　高齢者との経済取引

18　高額な購買品の高齢者への推進上の注意点（クーリング・オフ） ……………………………………………………………197

《資　　料》……………………………………………………203

> 相続順位／相続分と遺留分／相続人確認表／戸籍全部事項証明書（戸籍謄本）例1・2／改製原戸籍謄本例／相続放棄申述受理証明書例／法定相続分にもとづく払戻通知書例／遺産分割協議書例／公正証書遺言例／自筆証書遺言例／遺言にもとづく払戻通知書例

〈コラム〉

¶　相続財産の範囲／7

¶　「相続させる」旨の遺言の最高裁判決／41

¶　遺産分割は「田分け」か？／46

¶　遺言による払戻通知を相続人に出す必要はないか？／51

¶　相続人の範囲と法定相続分／61

¶　相続人の戸籍抄本は本当に必要ないか？／65

¶　相続と税金／79

¶　相続放棄・限定承認／94

¶　貸出金があるときは遺産分割協議に注意！／105

¶　保証人がいればこそ！／110

¶　死因贈与と遺言／148

¶　成年後見制度の利用／186

第1編

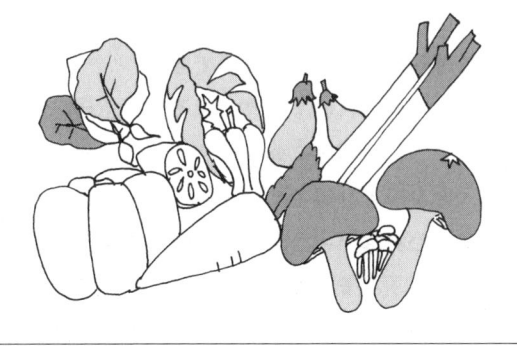

相　続

第1章　貯金取引と相続

1．取引先の死亡を知ったときの対応

質問

貯金者Ｐさんの妻から「Ｐが死亡したので，Ｐ名義の貯金について私（被相続人の配偶者）に名義を変更してください。相続人は私のみですのですぐに名義変更をしてください。」との申出があり，Ｐさんの死亡から10か月を経過した今日になって死亡した事実を知りました。

既に，貯金への入出金はされており，口座振替も従前どおりされていますがどのように対応すればよいでしょうか。

実務対応

来店による貯金者死亡の口頭報告であっても，「死亡届出書」の提出を受け，一般的に次のステップで措置します。これら措置については，貯金保護の観点から実施することの理解を得ることが肝要です。

第Ⅰステップとしては，ＪＡの不注意による貯金払戻防止のため所定の事務手続に従い，直ちに役席者に報告のうえ，コンピュータに貯金者死亡の登録を行い，オンライン等での支払禁止措置するなどＪＡの不注意によって貯金が支払われないよう必要な措置をすることです。

第Ⅱステップは，①死亡貯金者との取引内容の確認（貯金種別・金額），②貯金者取引店舗のみでなく他店舗での取引停止措置・関係取引

管理簿等への"貯金者死亡【事故注意情報】"の旨を記載し役席報告，③役席者は他部署への伝達をして以後，相続手続管理に関する管理簿にてその進捗管理をします。

　第Ⅲステップは，貯金者死亡届出（遺族等からの届出書受理・確認）の事実確認・相続人の調査確認・口座振替・振込等について注意し事務措置することが肝要です。

●貯金者が死亡したことを何時知ったかが重要

　相続人等から連絡があった場合は「ご愁傷様でございます」の言葉で弔意を表し聞き取りします。

　窓口係は，相続人等より「死亡届」の提出を受け，事故注意情報（死亡）の登録を行い，取引制限の説明を相続人等に行います。死亡届の提出が直ちに受けられない場合は，役席者等が被相続人の住所・氏名・生年月日を相続人等に確認のうえ，取引制限を説明し，死亡届を代理作成します。この場合，事故注意情報（死亡）の登録を行った後，相続人等より死亡届の提出を受けたときは事故注意情報の登録内容と照合します。

　死亡届受付で大事なことは，ＪＡが死亡したことを何時知ったかということです。つまり，貯金者死亡の事実を知りながら当該貯金の支払請求に応じた場合，免責約定は機能せず二重払いのリスクを負うことになるのでこれを防止するためです。死亡届の年月日記載は，店頭への届出日とすることが原則です。

●相続開始にかかる聞き取りのポイント事項

　本件について貯金者の相続開始にかかる聞き取りのポイントは，一般的に次の事項です。

　ⅰ．相続開始から10か月経過後に「死亡届」をするに至った理由
　ⅱ．遺言書の有無，相続放棄，欠格，廃除等について【相続分に影響を及ぼす諸事項確認】

ⅲ．相続人確認のための被相続人の除籍の記載された戸籍謄本および相続人の戸籍謄本【死亡届出のみでは死亡事実確認ができないことから除籍（＝死亡届：戸籍法86条〜）記載ある戸籍謄本の提示を求めます】

ⅳ．遺産分割協議は完了しているか否か【遺産分割協議前であるか否かの確証を取ることは難儀ですが，協議前であるならば，相続人全員の合意による払戻しが必要なことを説明します】

ⅴ．公共料金等の口座振替契約について死亡後振替契約についての扱い【相続開始後一定の期間について，相続口座振替依頼書により口座振替措置することは可能でも，あくまでも便宜的措置であることを説明します】

ⅵ．債務弁済のための口座自動引落契約の取扱い【被相続人の借入債務弁済のための自動引落も消費貸借契約の履行方法の一部とも考えられますが，実務上は可及的速やかに相続人に確認をとり依頼書を徴求するなど自動引落契約継続の確約を取るよう相続人に要請することが肝要です】

　ＪＡが死亡したことを何時知ったかについては，多くの顧客と取引をしており，貯金者死亡を何らかで知る（新聞・顧客・取引先・渉外等）こととなった場合は，役席者に報告し分割承継があるものの二重払いの危険性が常に潜んでいることに最大の注意を払い，事実確認・報告・承認・伝達が肝要です。

　死亡届出について，届出日の記入は当然に届出者である配偶者に来店日を記入してもらうことが大切です。なぜならばＪＡが貯金者死亡の事実を知らずに払戻しをしていても，その知らないことについてＪＡに不注意（過失）がなければ，所定の手続どおり払戻し等している限り貯金約定の免責条項により，また，債権の準占有者への弁済（民法478）として有効だからです。何時知ったかが重要ですから，相続貯金管理簿への記載を失念しないことが肝要です。

1．取引先の死亡を知ったときの対応

●貯金者死亡とＪＡの"相続事務手続の基本事項"

　相続の基本事項は，貯金者が死亡した場合，相続に関する民法の定めに従って事務処理することを原則とし，相続貯金の名義変更・払戻しにあっては被相続人の戸籍（除籍）謄本等により，相続人を確認し原則として相続人全員の合意確認をもって対処します。

　本件のような死亡届と同時に相続人からの相続貯金払戻請求（相続名義変更を含む）にあっては，まず「死亡届出書」の受付と同時に被相続人の除籍の記載ある戸籍謄本を徴求し戸籍記載事項より配偶者以外に相続人がいないかを調査する必要があります。子の有無等が確認された場合は，これらの者の合意を前提とするからです。

●貯金者死亡と"口座振替"

　相続人の同意を得て便宜支払をするか，新たに相続人との口座振替契約を締結するのが原則です。

　本件についても，貯金者が死亡したことを何時知ったかが重要です。前記のとおりその知らないことについてＪＡに不注意がなければ，所定の手続どおり払戻し等している限りその口座振替契約は貯金約定の免責条項により弁済は有効です。口座振替は，本来貯金者の側からすると実質的に貯金の払戻し（＝口座振替依頼の条項により貯金規定の変更⇒貯金払戻請求書等の省略）であることから，相続開始後相続手続完了までに自動支払することは，貯金の払戻しにかかる"便宜払い"の継続をしていることですから，速やかに相続口座振替依頼書による相続人からの確認を取っておくことが肝要です。この措置は，相続債務のみならず，口座振替対象が相続人および相続人以外の者の固有債務まで支払われるリスクがあるので相続開始を知ったなら直ちに相続人の確認をとるべきです。

●貯金者死亡と共同相続人相互間の関係

　判例に従って措置するならば，「相続財産中の可分債権は法律上当然に分割され各共同相続人がその相続分に応じて権利を承継する」（最判

昭和29・4・8民集8巻4号819頁）とされていることから，各自の法定相続分に応じて共同相続人は個別にＪＡに対し貯金の払戻請求ができることになります。

　しかし，ＪＡの窓口では，貯金者の相続にかかる周辺諸事情のすべてを完全に知ることは至難です。

　たとえば，ⅰ．法定相続人の確認（＝戸籍謄本），ⅱ．遺言書の有無，ⅲ．相続の放棄／欠格／廃除，ⅳ．遺産分割協議など相続人ならびに相続分に影響を与える事柄を確認することは，実際のところ時間と相当な手数を要し困難です。

　こうした状況からＪＡが相続争いに巻き込まれるのを回避するために，遺産分割前の支払請求は，相続人全員での請求にて取扱いすることが，一般的な窓口実務です。

　相続人の１人から法定相続分相当額での払戻請求にあっては，法定相続人を戸籍謄本で確認し，調査の結果，相続人が払戻請求者のみであることが確認できた場合は，同人に遺言書の有無を確認し，ないということであれば払戻しに応じることで差し支えないものと考えられます。なお，他に相続人がいることが判明した場合は，遺言の有無については，判明した相続人全員に聴取して確認します。また，相続人の１人からの払戻請求があることも異議申立期限を定めて通知し，期限までに他の相続人から何ら異議がなければ払戻しに応じるといった対応が考えられます。そして，異議がある場合は，相続人全員での請求にて取扱いすることになります。

¶ 相続財産の範囲

　相続編を設け，私的な生活関係の規制を目的とする私法である民法は，こうした観点からの調整および社会慣習から相続財産を①共有財産（場合により合有），②固有財産，③祭祀等財産の3つに分別をしています。

　相続税法は，租税の課税上課税公平見地等の事由により①本来財産，②みなし相続財産，③生前贈与加算財産，④非課税財産の区分としています。

　土地建物等および預貯金，借用金等に代表されるものが共有財産（被相続人の固有の本来財産），死亡生命保険金受取請求権等に代表される相続人等の固有財産（みなし相続財産），被相続人が生前に贈与等した特別に贈与等した財産（生前贈与財産）があり，系譜・祭具・墳墓等については相続法では祭祀等主宰する者が相続するとし，税法では非課税財産とされています。

　なお，相続法と相続税法の異同点について相関図を示しておきます。

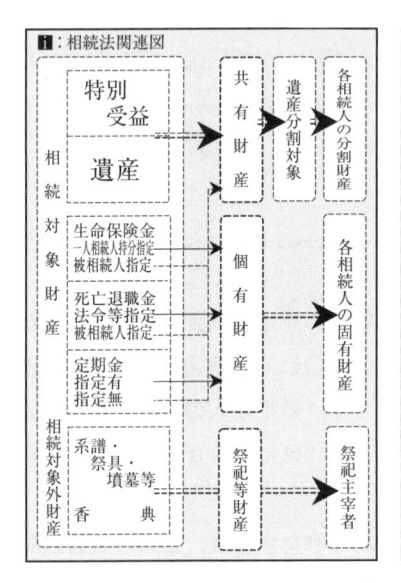

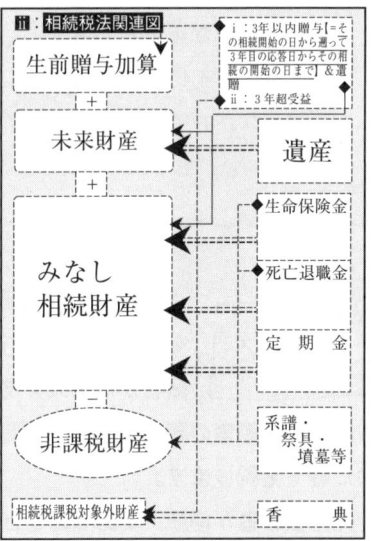

2．共同相続人の1人からの被相続人の貯金残高・取引経過照会

質問

ＪＡとの間で貯金取引をしていたＡさんが亡くなり，相続人は長女，長男，次男の3人で，数年前までは長男がＡさんの面倒を見ていましたが，3年ほど前からは長女がＡさんの面倒を見ていました。

今般，次男からＪＡに対し，遺産分割協議をするので，ＪＡにあるＡさん名義の貯金残高証明書の発行依頼と取引経過開示請求がなされました。

ＪＡでは，他の相続人の同意なしに貯金残高と取引経過を開示してよいか迷っています。

なお，事前に長女からＪＡに対し，開示請求に応じない旨の要請がなされていた場合は，開示請求に応じないほうがよいでしょうか。

実務対応

ＪＡは，被相続人名義の貯金残高証明書の発行依頼を受けた場合，貯金者について相続発生および発行依頼者が相続人であるかを，被相続人の戸籍（除籍）謄本および依頼者の印鑑証明書や戸籍謄本（代襲相続等が発生していた場合）等で確認します。

発行依頼者が相続人であることが確認できた場合は，相続貯金等残高証明依頼書（兼相続貯金等評価額証明依頼書）の提出を受け，他の共同相続人全員の同意がなくても残高証明書の発行依頼に応じるものとします。

2．共同相続人の１人からの被相続人の貯金残高・取引経過照会

　また，共同相続人の１人から被相続人の貯金の取引経過開示請求を受けた場合は，相続人全員の合意を得られない理由，依頼者の状況，開示請求の理由等を慎重に確認のうえ記録し，取引履歴明細表発行依頼書（相続人用）の提出を受け付けます。

　遺言がなく，遺産分割協議前のときは，たとえ他の相続人が反対しているときでも，ＪＡは開示請求に応じなければなりません。

　そのため，ＪＡは長女から開示請求に応じない旨の要請を受けた場合，最高裁判例（最判平成21・1・22）にもとづき，相続人からの開示請求に対して応じる義務があることを説明し，理解を得ておく必要があります。

　開示内容については，貯金取引経過が記載された入出金明細表とし，個々の払戻請求書等のコピーの開示を求められた場合は，原則として応じないものとします。

　また，開示期間については必要な期間に限定し，原則として相続開始時から遡り10年以内とします。

●**相続人の財産調査権による相続貯金残高証明書発行**

　〔解説〕相続が発生すると被相続人の財産は，相続人に包括的に承継され（民法896条），相続人が数人いる場合は法定相続分に応じて共同相続されることになります（同法898条・899条）。しかし，分割可能な債権は相続開始と同時に法律上当然に分割され，各共同相続人がその相続分に応じて権利を承継することになっており（最判昭和29・4・8），銀行預金についても最高裁において同様な判決が出されています（最判平成16・4・20等）。

　相続人は自己のために相続の開始があったことを知った時から３か月以内に，相続を承認または放棄をするかを選択しなければなりません（民法915条１項本文）。

　そのため，相続人は相続財産について必要な調査をする権利を有して

おり（民法915条2項），各金融機関に対し相続発生時の残高証明書の発行を請求することができます。

　この場合，相続貯金については分割承継されているため，金融機関は守秘義務との関係から，残高証明書は発行依頼者の法定相続分を記載すべきでないかと思われるかもしれませんが，相続放棄により各自の相続分が変わることもあり，金融機関は相続貯金全額を記載しても守秘義務違反には問われないと考えられ，全額を記載しています。

　金融機関は相続貯金残高証明書発行依頼者が相続人であるかについての確認が重要であり，被相続人の戸籍謄本や除籍謄本と依頼者の印鑑証明書の提出を受け，依頼者が被相続人の戸籍謄本等に在籍または除籍された記載がなされているか，除籍された時の姓と印鑑証明書記載の姓とが相違していないか，相違している場合は相続人の戸籍謄本または抄本で相続人であることを確認する必要があります。

●残高証明書の記載内容

　残高証明書は相続発生時のものを記載しますが，その後，入出金が行われ残高に変動を生じている場合および決済確定前の他店券残高が含まれている場合は，その内容を備考または別紙に記載します。

　また，残高証明書は遺産分割協議や相続放棄等の検討のためだけではなく，相続税申告のためにも使用され，その場合は相続税財産評価基本通達にもとづき相続時の貯金元金の残高だけではなく経過利子についても記載します。

　定期貯金については相続時に解約した場合の利息を記載することになっており，貯金元金に中途解約利息（源泉徴収税額控除後）を加えた金額を記載することになります。

　また，定期貯金以外の貯金については，課税時現在の既経過利子の額が少額なものに限り，同時期現在の預入高によって評価することになっているため元金のみを記載します。

　なお，貯金ではありませんが，定期積金についての残高証明書を発行

2．共同相続人の1人からの被相続人の貯金残高・取引経過照会

する場合は，掛込金残高のみを記載することになります。

●相続貯金取引経過開示請求権を認める最高裁判決

共同相続人の1人から，被相続人の相続貯金残高証明書の発行依頼と同時に取引経過開示請求がなされる場合と，残高証明書発行の後に取引経過開示請求がなされる場合とがあります。

どちらも，相続貯金について被相続人の生前の貯金取引状況を確認するため行われるものですが，単に貯金取引状況を確認するための場合と，貯金を管理していた相続人が被相続人のためではなく，自己のために貯金の払戻しを受けていなかったかを確認する場合とがあります。

前者の場合は問題が起きませんが，後者の場合はまさに相続紛争へと発展していく可能性があります。

前述のとおり，相続貯金は相続発生と同時に法定相続分で分割承継されますが，各相続人は分割承継された貯金債権者として相続貯金について開示請求できるかについては，今まで何度も下級裁判所で争われてきました。

そして，最高裁は平成17年5月20日に「共同相続人の一人からの取引経過開示請求は認められない」とする東京高裁平成14年12月4日判決の上告に対して不受理決定したため，最高裁は「共同相続人の一人からの取引経過開示請求は認められない」とする東京高裁判決を是認したものとして位置付けられ，その後数年間は金融機関の多くは共同相続人の1人からの取引経過開示請求に応じてきませんでした。

ところが，最高裁は平成21年1月22日に「共同相続人の一人は単独で相続預金の取引経過開示請求ができる」旨の判断を示しました。そのため，金融機関の多くは対応方法を変更することとなりました。

●平成21年1月22日の最高裁判決の内容

最高裁の事案は，被相続人である預金者が死亡し，共同相続人の1人が，被相続人が普通預金および定期預金取引をしていた信用金庫に対し，被相続人名義の預金口座における取引経過（入出金明細表）の開示

11

を求めたケースで，遺言がなく遺産分割協議前の状態のものであり，次の事項が争点となりました。
　①　金融機関は預金者に対し預金口座の取引経過開示義務を負うか。
　②　共同相続人の１人は，被相続人名義の預金口座の取引経過開示請求権を単独で行使することができるか。
　そして，最高裁は次の理由により，共同相続人の１人からの相続預金取引経過開示請求を認めました。
　①　預金契約には，委任事務ないし準委任事務の性質を有するものも含まれる。
　②　金融機関は，預金契約にもとづき，預金者の求めに応じて預金口座の取引経過を開示すべき義務を負う。
　③　預金者の共同相続人の１人は，共同相続人全員に帰属する預金契約上の地位にもとづき，被相続人名義の預金口座の取引経過の開示を求める権利を単独で行使することができる。
　④　共同相続人の１人に被相続人名義の預金口座の取引経過を開示することは，開示の相手方が共同相続人にとどまる限り，預金者のプライバシーを侵害し，金融機関の守秘義務に違反する余地はない。
　⑤　開示請求の態様，開示を求める対象ないし範囲等によっては，預金口座の取引経過の開示請求が権利の濫用に当たり許されない場合がある。

●個々の払戻請求書等は開示対象となるか
　誰が払戻手続を行ったのかを確認するために，払戻請求書などの伝票類を開示せよとの請求がなされた場合，このような請求内容が開示請求の範囲に含まれるかについて，最高裁判決は「開示請求の態様，開示を求める対象ないし範囲等によっては，預金口座の取引経過の開示請求が権利の濫用に当たり許されない場合があると考えられる」と判示しています。
　そのため，取引経過が記載されている明細表だけでよいとする説と，

払戻請求書，印鑑票，振込依頼書等の帳票類を含むとする説に分かれています。

実務の対応として，個々の払戻請求書等のコピーの開示については，民事訴訟法による調査嘱託や文書送付嘱託および弁護士法による照会等を除き，原則として金融機関に開示義務はないものとして応じる必要はないと考えます。

●取引経過開示対象期間

開示請求の対象期間については，最高裁判決のとおり無制限に認められるのではなく，預金取引行為からの消滅時効期間および金融機関の定める払戻請求書等の保存期間を考慮し，合理的な範囲内に限定します。

ＪＡの場合は，貯金取引が貯金者にとって商取引行為に当たる場合は消滅時効期間が5年となり，そうでない場合は10年に分かれますが，取引経過開示請求対象期間は原則として10年間とし，開示理由から特に必要と判断される場合は10年を超える期間についても開示請求に応じるものとします。

●守秘義務違反・プライバシーの侵害について

最高裁判決は，「共同相続人の一人に被相続人名義の預金口座の取引経過を開示することは，開示の相手方が共同相続人にとどまる限り，預金者のプライバシーを侵害し，金融機関の守秘義務に違反する余地はない」としており，遺言がなく遺産分割協議前（準共有状態）であれば，開示の相手方が共同相続人である限り，ＪＡは相続預金の開示請求に応じても守秘義務違反やプライバシー侵害に該当するとして，責任を問われることはありません。

第1編 相　　続／第1章 貯金取引と相続

3．相続貯金を相続取得しなかった共同相続人の1人からの取引経過照会

質問

　ＪＡとの間で貯金取引をしていたＡさんが亡くなり，相続人は長女，長男，次男の3人で，数年前までは長男がＡさんの面倒を見ていましたが，3年ほど前からは長女がＡさんの面倒を見ていました。
　Ａさんは遺言を遺しており，その遺言には長女が全財産を相続することになっており，先般，ＪＡでは遺言にもとづき相続貯金全部を長女名義に変更し，その内の一部を支払いました。
　今般，長男からＪＡに対し，遺留分減殺請求権行使を検討するため，Ａさん名義の相続貯金の取引経過開示請求がなされました。
　ＪＡでは，Ａさんの相続貯金は長女が相続し，既に遺言にもとづき相続貯金全部を名義変更のうえ一部を長女に支払っており，このような状態において，長女の同意なしに取引経過開示請求に応じてよいのかわかりません。

実務対応

　ＪＡは，被相続人名義の貯金取引経過開示請求を受けた場合，開示請求者が相続人であるかを，被相続人の戸籍（除籍）謄本および依頼者の印鑑証明書や戸籍謄本（代襲相続等が発生していた場合）等で確認します。
　発行依頼者が相続人であることを確認できた場合は，遺言にもとづき相続貯金を相続取得した相続人の同意を条件に開示請求に応じるのか，

それとも，相続取得者の同意なしに開示請求に応じるのか，検討のうえ対応方針を決めることになります。

共同相続人の1人からの開示請求を認めた最高裁平成21年1月22日判決は，遺言がなく遺産分割協議前の状態のケースのため，遺言により相続貯金の帰属が決まっている場合については，共同相続人であれば相続取得者以外の場合でも認めるという肯定説と，相続取得者以外の者は認めないとする否定説とが対立しています。

しかし，否定説でも遺留分減殺請求権を有する共同相続人は，取引経過開示請求できるとの見解を示しています。

以上により，遺留分減殺請求権者から遺留分減殺請求権行使検討を開示理由とする場合は，開示するものとします。

●相続貯金取引経過開示請求権を認める最高裁判決

解説　共同相続人の1人は金融機関に対し，相続貯金について開示請求できるかについては，今まで何度も下級審で争われてきました。

そして，最高裁は平成17年5月20日に「共同相続人の一人からの取引経過開示請求は認められない」とする東京高裁平成14年12月4日判決の上告に対して不受理決定したため，最高裁は「共同相続人の一人からの取引経過開示請求は認められない」とする東京高裁判決を是認したものとして位置付けられ，以後，多くの融機関では共同相続人の1人からの取引経過開示請求に応じてきませんでした。

ところが，最高裁は平成21年1月22日に「共同相続人の一人は単独で相続預金の取引経過開示請求ができる」旨の判断を示しました。

最高裁の事案は，被相続人である預金者が死亡し，共同相続人の1人が，被相続人が普通預金および定期預金取引をしていた信用金庫に対し，被相続人名義の預金口座における取引経過（入出金明細表）の開示を求めたケースで，遺言がなく遺産分割協議前の状態のものです。

●守秘義務違反と開示義務違反による損害賠償責任

　最高裁判決は，「共同相続人の一人に被相続人名義の預金口座の取引経過を開示することは，開示の相手方が共同相続人にとどまる限り，預金者のプライバシーを侵害し，金融機関の守秘義務に違反する余地はない」と判示しており，遺産分割協議前（準共有状態）であれば共同相続人である限り守秘義務に違反しないことを明示しました。

　しかし，遺産分割協議等により貯金の帰属が決まっている場合，相続しなくなった相続人から開示請求がなされたときに，開示することが「貯金者のプライバシーを侵害し，金融機関の守秘義務に違反する」ことになれば，開示による損害賠償責任を追及される可能性があり，反対に開示義務があるのに開示しなかったときは，開示しなかったことによる債務不履行または不法行為にもとづく損害賠償責任を追及される可能性があります。

　ＪＡは開示請求を受けた場合，どちらかを選択しなければならず，どちらを選択しても損害賠償責任を負うことになり，どちらかというと両者のうち開示義務違反のほうが損害賠償責任としては重いと解されているようです。

●相続しなくなった相続人からの開示請求対応

　最高裁判決は，「預金者が死亡した場合，その共同相続人の一人は預金債権の一部を相続により取得するにとどまるが，これとは別に，共同相続人全員に帰属する預金契約上の地位にもとづき，被相続人名義の預金口座の取引経過の開示を求める権利を単独で行使することができる（民法264条・252条但書）というべきであり，他の共同相続人全員の同意がないことは上記権利行使を妨げる理由となるものではない」と判示しています。

　遺言により相続しない相続人が相続貯金の取引経過開示請求をするということは，遺留分減殺請求権を行使するか否かの検討を目的に，相続貯金を管理していた相続人が自己のために払戻しを受けていなかったか

3．相続貯金を相続取得しなかった共同相続人の1人からの取引経過照会

等を調査確認するものであり，遺留分算定の基礎となる財産の調査確認のために必要な行為で，相続財産調査権(民法915条2項)の行使と考えられます。

　また，遺産分割協議により相続貯金を相続しなくなった相続人については，遺産分割協議を行うまでは相続貯金の取引経過開示請求を行うことができるにもかかわらず行わなかったものであり，遺産分割協議後に相続しなくなった相続人からの開示請求については断るのも1つの方法ですが，開示請求の理由が遺産分割協議をやり直すなど正当な理由がある場合は応じるほうがよいと思われます。

　以上から，遺言により相続しない相続人であっても当該相続貯金の取引経過開示請求ができるとする考え方が妥当と考えます。

●開示するか否かの検討

　開示義務があるか否かについて解釈が2つに分かれており，開示しないという選択もできます。

　開示する場合であっても，相続取得者の同意がもらえれば一番よいわけですが，もらえなかったらどうするかです。

　おそらく，同意をもらえない場合が多いのではないかと思います。もらえないというよりも，開示請求者は同意をもらうための話さえしたくないということで，開示請求者が断る場合が多いと思います。

　仮に，開示請求者が相続取得者に同意を求めても，相続取得者が断ったらどうするか，断っても開示するのかという問題があります。断っている場合は開示しにくいと思いますので，開示しようと考えているのなら，最初から相続取得者の同意に関係なく開示したほうがよいと考えます。

4．貯金者の死亡を知らずにした相続貯金の払戻し

質問

　ＪＡでは，Ａさんの貯金について，Ａさんの足が不自由であることから長男のお嫁さん（Ａさんと普通養子縁組）が通帳と届出印を持参し払戻依頼がありこれにより払戻しに応じてきました。
　ところがこのたびＡさんの長女から，"相続貯金残高証明書発行依頼"があり，事情を聞くとＡさんは４か月前に死亡したとのことです。
　相続人からのクレームが心配ですが，この取扱いに問題はないでしょうか。

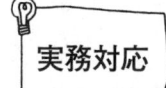

実務対応

　①Ａさんの同居の家族が通帳・届出印を持参して払戻しを求めてきたのであれば，ＪＡ指定の本人確認手続で本人確認を行い印鑑照合にて払戻請求書の印影同一性を確認し，貯金者自身が来店できない理由を聞き取りし，この他に特段の事情なく払戻しに応じてきたのであれば問題はありません。
　②Ａさんの家族に不自然さがあり払戻事情を確認できない，つまり払戻回数ならびに金額・資金使途（支払先）等について不自然な点があった場合には，貯金者であるＡさんに直接面談するなどし，事実関係を確認し代理人届を提出してもらう必要があったでしょう。
　③上記②の事柄もなく，貯金者であるＡさんの死亡を知らずにした払戻しについては，前記①と同様に措置したことにＪＡとして落ち度（過失）がなければ問題ありません。

4．貯金者の死亡を知らずにした相続貯金の払戻し

●**貯金者以外の払戻しには注意が必要**

高齢の貯金者が歩行困難等により，同居家族が本人に代わって来店し，払戻請求することはよくあります。こうした場合は，特段不審を疑うことなく，さらにＪＡがこうした事情不知ならば通帳・届出印押印の払戻請求書により払戻しに応じることは当然のことでありとくに問題ありません。

ただ，来店者が預貯金者の家族であることを告知していることは，貯金者本人からの払戻しでないことを確知していることになるから，ＪＡとして払戻時には，顧客事情等に応じて対処するものの，払戻金が多額であったり，資金使途（支払先）曖昧，頻繁な支払，貯金解約に等しいような払戻しがあった場合は，ＪＡの担当者は，必要に応じて代理人届を提出してもらう等の配慮が要請されます。

●**払戻請求する家族は貯金者の使者として対処**

本件のように，貯金者の同居家族である場合はＪＡ所定の"本人確認手続"で確認措置を講じますが，その者が真正な通帳・届出印を持参し払戻請求書により払戻要請をしたとのことから，払戻請求書印影を印鑑照合しその同一性を確認し，かつ他に特段の事情もないということですから，家族を貯金者の"使者"と考えて対処することができます。

ここに"使者"とは，他人が決定した意思表示を伝達する者，または他人が決定した意思を相手方に表示する者をいいます。口上を伝える者等をいいますから，本人依頼によって貯金払戻しという意思表示を伝達しまた表示する"補助者"ということになります。つまり，使者は本人の機関にすぎないのです。

さらに，貯金者の委任状を持参した場合は貯金者の"代理人"として払戻しに応じることになります。

本件での初動対処としては，払戻要請を受けるに際して，家族に貯金者の健康状態および本人来店不能とする理由ならびに資金使途等を聞き取りし，聞き取り内容，取引状況等を店舗内業務日誌・顧客取引へ記載

しておくことが後日における窓口事務の信用性を保つことになり，事務管理上有用です。

●貯金契約（指名債権）におけるＪＡの免責

　貯金者の死亡を知っていたか，それとも知らなかったかということについては，「貯金者の死亡が"公知（世間でよく知られていること。周知）"の事実」であればＪＡはそれ相応の措置を講じなくてはなりません。

　ＪＡは毎日不特定多数の顧客との取引を行っており，貯金者の死亡を知らないで支払った場合には，知らなかったことに過失がなかったならば，その取引は有効となります。

　貯金規定では「(1)　この貯金を払戻すときは，当組合所定の払戻請求書に届出の印章により記名押印して，この通帳とともに提出してください。

　(2)　前項の払戻手続に加え，当該貯金の払戻しを受けることについて正当な権限を有することを確認するため当組合所定の本人確認資料の提示等の手続を求めることがあります。この場合，当組合が必要と認めるときは，この確認ができるまでは払戻しを行いません。」と規定しています。そして，ＪＡが貯金払戻しの際に貯金者の死亡を知らずに通帳・証書の持参者に支払い，死亡の事実を知らなかったことにつき無過失の場合は，債権の準占有者に対する弁済として有効とされ，また，払戻請求書等に使用された印影を届出の印鑑と相当の注意をもって照合し，相違ないものと認めて取扱いした場合は，貯金約款での免責条項が機能します。

●貯金者死亡の事実の知・不知の分岐とＪＡの責任

　貯金者死亡の事実を知っていたならば，その貯金払戻を請求する権限者であるか否かについての所定の手続により調査し所要の措置を講じることになりますが，この場合には（相続人等から通知を受けていたとか，地域の有名人などの場合は通知がなくてもその死亡事実を報道・渉

外情報等による事実確認等），その事実確認により真実の貯金権利者の確認をしなければなりません。

　知らなかった場合，知らなかったことにつき無過失であるかがポイントになります。つまり，

① 貯金者が地域の有名人でテレビ・ラジオ・新聞等の報道で死亡が周知の事実と認められる場合
② 渉外情報により金融機関内部で担当者は知っていたが，その情報伝達が，貯金係になされていなかった場合
③ 死亡届出連絡があったにもかかわらず，所要の措置を講じることを失念した場合など，金融機関が知らなかったことについて過失があった場合には，貯金支払は無効とされる可能性が高いといえます。

●ＪＡ店舗内での"情報共有化"

　ＪＡは貯金，融資，為替等について，大勢の顧客と取引し，かつ，他店舗情報また，他の金融機関との取引情報が入ってきています。これらの諸情報はすべてＪＡおよび顧客にとって有益なものばかりです。

　貯金者の遺族からの情報だけが，情報と考えてはいけません。たとえば，為替取引に関して相手先死亡情報・家賃払込時の振込依頼者からの死亡情報・融資取引先からの情報等があります。

　情報は，貯金業務・融資業務・為替業務等その担当者のみで終わっていたならば，ＪＡ内部で知らなかったことにはなりません。各業務部門間での伝達・上司部下への報告等が相互になされない場合には，もはや知らなかったことにはならないのです。

　ＪＡは消費寄託契約の"受寄者として善良な管理者としての注意義務"を負うといわれますが，これは注意をしていれば死亡事実を当然知っているであろうと推定される場合も，ＪＡに過失が認められると考えられます。

　情報の共有と迅速・正確な報告・指示がここでも非常に大事です。

5．相続貯金の葬式費用のための便宜払い

質問　貯金取引先であるＰさんが死亡したとの連絡が同居しているＱさんからあり，「葬式費用に充てるための現金をあらかじめ用意しておきたい」とＰさん名義となっている通帳・取引印を持参して払戻請求をしてきました。

ＰさんにはＱさんの他に相続人が４人いますが，うち３人は遠隔地に住んでいて，すぐには相続人全員の署名・押印は受けられないとのことです。

この払戻請求に応じてもよいでしょうか。また，応じる場合にはどのようなことに注意すればよいでしょうか。

実務対応　本件への対処は，葬式費用を相続貯金から立替便宜支払することを積極的に認めているものでないことを念頭に措置することが肝要です。

さて葬式費用にあっては，全相続人が死亡した貯金者の近隣にいるとは限らず，一部の相続人からの支払請求がほとんどであり，こうした状況から多くの事例では，死亡者の葬式費用への充当を目的とした支払に対し他の相続人等からするに，その支払金額・支払方法・支払時期等が不当なものでないならばこれに異議を唱えられることはまれです。しかしながら，便宜支払するものですから次の諸点に留意することが肝要です。

①　貯金者死亡を証する書面・貯金通帳・証書および届出印の提示な

らびに全相続人宛の請求書等を徴収し，請求金額範囲内の支払とします。ただし，後記②で連署に応じた相続人の法定相続分の合計金額以内とすべきです。
②　役席者承認を前提に，一部相続人からの支払要請では，確約念書（葬式費用に関する払戻依頼であることを証する文書）に可能な限りの多くの相続人の連署を得たうえで取り扱うことが肝要です。

　なお，確約念書には，本支払請求に関するいっさいの責任は支払請求者にあること，および他の相続人の承認を得ることならびに本件に関するＪＡへの異議等については，そのすべては請求人にあり，ＪＡにいっさいの責めはないこと等を記載しておきます。
③　上記②の確約念書には，一部相続人の名をもって支払要請することの事由を記載し，保証人の連署もとれればベストです。
④　連署者は当然に相続人であることを確認できる戸籍謄本を提出してもらいます。

なお，払戻請求者が相続人であることが明らかでない場合には，払戻しには応じるべきではありません。

●葬式費用の範囲

解説　葬式費用とは，葬儀・告別式・埋葬等にかかる費用をいうが，その範囲は抽象的といわざるをえません。法律上それが具体的にいかなる内容のものを指しているかについては，必ずしも定まったものはなく，葬式費用の内容・範囲が問題となる場合があることから，支払項目についても注意が肝要です。

●葬式費用の支払要請とその対処の基本

①　貯金者死亡により，その葬式費用を支払目的とし同人名義の貯金支払を要請されることがしばしばありますが，この場合，基本的には相続人等によってあらかじめ立替払いし，遺産分割協議によりその負担方

ただ，葬式自体は人の死亡により，必然的・慣習的にも比較的早い時期になされ，通常まとまった生活資金が貯金になっていないのが現状であり，相続貯金払出請求手続には複雑な確認手続を要するものであり，とりあえず葬式費用を支払って欲しいとの依頼がなされるもので，一概にこれを拒否することは新たな課題を生むものです。

　②　葬式費用の支払は，相続財産に関する費用（民法885条）に含め，また葬式費用に先取特権が認められること（民法306条・309条）を根拠として支払ってよいとする向きもありますが，被相続人の貯金から支払を認める直接的根拠にはなっていません。

●葬式費用の"負担者"

　①　上記解説①のとおり基本的には相続人等の者によってあらかじめ立替払いし，遺産分割協議によりその負担方法等を関係者で決定・解決していただくことですから，被相続人にかかる葬式費用は，相続開始後に発生する債務であり相続債務とはその性格を異にしているものです。つまり，相続開始後に遺族が負担すべき費用であって相続開始時の被相続人の固有の債務でないことを認識することが大切です。

　こうしたことから，葬式費用の負担については，ⅰ．喪主が負担すべきとする考え方，ⅱ．共同相続人の負担すべき考え方，ⅲ．遺産から支出すべきとする考え方等があります。多くの金融機関では，葬式費用の払戻請求を「原則として相続人全員から」としているのはこうした理由によるものです。

　②　被相続人にかかる葬式費用が相続税の債務控除の対象ですが，これは被相続人固有の債務でないがその費用（相続税法基本通達13－4葬式費用・13－5葬式費用でないもの）のうち葬式費用と認められるものは，相続に伴い必然的なものですから，相続税法では債務控除の範囲に含めています。

5．相続貯金の葬式費用のための便宜払い

葬式費用に関する払戻依頼であることを証する文書

平成　年　月　日

農業協同組合　御中　　　被相続人　おところ
　　　　　　　　　　　　　　　　　おなまえ

平成　年　月　日　死亡

相続関係者	相続人　おところ　おなまえ（実印）	相続人　おところ　おなまえ（実印）
	相続人　おところ　おなまえ（実印）	相続人　おところ　おなまえ（実印）
保　証　人	相続人　おところ　おなまえ（実印）	相続人　おところ　おなまえ（実印）
	相続人　おところ　おなまえ（実印）	

　過日死亡いたしました上記被相続人の葬式費用に充てるため_____貯金（口座番号　　　　）から金　　　　円を（振込の場合は，この金額とは別に振込手数料を引落のうえ）お支払（現金払・振込）下さいますよう依頼します。
　また，本払戻しにかかる一切の権限を_____に委任しますので，同人の指示により処理していただきたく，重ねて依頼します。
　本来であれば，払戻しは正式の相続手続によるところですが，時間的なこともあり本件葬式費用に限りお願いいたします。
　なお，本件について，今後いかなる事態が生じましても貴組合の責めに帰すべき場合を除き，私（私ども）が一切の責任を負い，貴組合にはいささかもご迷惑並びにご損害をおかけすることはいたしません。
　保証人は，この事情が真実であることを保証し，万一このお支払を各相続人が承諾しないときは，相続人と連帯して責めを負担します。

記

農　協　名：_____　支店名：_____
貯金種別：_____受取人：_____口座番号：_____金額：_____円

●葬式費用と相続税での"控除対象者"

　相続税法で債務控除の規定が適用になるのは，相続人と包括受遺者とされており，これ以外の者が相続税の納税義務者となっていても債務控除は適用されません。

　なお，相続放棄者は相続人ではないため，原則として債務控除の適用対象にはならないのですが，葬式費用を実際に負担した場合には，その者が遺贈取得した財産の価額から控除してもよいこととされています（相続税法基本通達13－1）。

6．当座勘定取引先死亡後の
　　生前振出の手形・小切手の支払

> **質問**
>
> 　ＪＡの当座勘定取引先である個人商店を営むＡさんが死亡しました。Ａさんは生前に取引先に対して小切手を振り出していました。
> 　Ａさんの取引先であるＢさんが小切手を呈示してきた場合は，どのような対応をとればよいのでしょうか。

実務対応

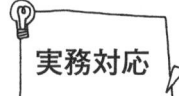

　当座勘定取引先が死亡した場合，通常の貯金者の死亡と同様に事故登録を行い支払停止とします。そして当座勘定の口座を解約し，別段口座を開設して残高を振り替えます（当座勘定の口座のままで差し支えありませんが，その場合は誤って支払わないよう注意が必要です）。

　次に当座取引先の死亡によって当座貯金の残高は相続人に帰属するので，相続人に生前に振り出して呈示されていない手形・小切手の確認と手形・小切手が呈示された場合の意思確認をします。それによって，相続人全員からの支払意思が確認できた場合，「手形・小切手支払依頼書（共同相続用）」を徴求して，印鑑証明書と照合し決済をします。なお，相続人からの支払要請がない場合については「振出人死亡」の事由で「０号不渡り」とします。

　また，相続人から交付済の未使用手形用紙・小切手用紙を回収します。

●当座勘定取引契約の法的性格

当座勘定取引契約は当座勘定取引先の振出または引受した手形・小切手の支払事務をＪＡが行うもので，その法的性格は手形・小切手の支払を目的とする支払委託契約と支払資金をＪＡに寄託する消費寄託契約との混合契約とされています。支払委託契約は民法上の委任契約であり，取引先（委任者）の死亡により委任契約は終了します（民法653条）。したがって，支払委託契約である当座勘定取引契約も終了するのが原則です。

ちなみに，取引先が法人の場合は，代表者が死亡しても委任事務は消滅しないため，代表者変更の届出を受けて新代表者と当座勘定取引契約を継続することとなります。

●当座勘定取引先の相続人から継続依頼があった場合

したがって，当座勘定取引先の相続人から当座勘定取引の継続依頼があった場合は，本来であれば，ＪＡは相続人の信用調査を十分に行ったうえで，新たに相続人と当座勘定取引契約を締結して当座勘定の口座を開設して取引を行うこととなります。

しかし，死亡した当座勘定取引先の事業を承継した相続人がそのまま名義を変更して利用することを希望することもあるでしょう。これらのことを考慮して，ＪＡでは名義変更または解約の処理をすることとしています。

名義変更・解約の手続としては，当座勘定取引先の相続人全員の依頼により対応するのが原則です。

なお，解約時の未使用手形用紙・小切手用紙の回収について，判例は法的には回収義務を否定しています。しかし，当座勘定規定24条2項により，未使用手形用紙・小切手用紙の返還をするように定めており，未使用手形用紙・小切手用紙を悪用される可能性もあるため，社会的責任を考えると，回収するよう努めるべきです。

6．当座勘定取引先死亡後の生前振出の手形・小切手の支払

●**当座勘定取引先の死亡後に為替振込があった場合**

　当座勘定取引先の死亡後に振込があった場合は，原則として，貯金者の死亡後に普通貯金へ振込があった場合と同様の取扱いをします。

　まず，振込の法律関係は以下のとおりです。

① 　振込依頼人と仕向金融機関との関係
② 　仕向金融機関と被仕向金融機関との関係

　　①②ともに民法上の委任契約とされています。

③ 　被仕向金融機関と受取人との関係

　　③は当座勘定規定にもとづく契約関係とされています。

　これらのことを踏まえると，当座勘定取引先の死亡により委任契約が終了しているため，「受取人死亡」等により返却することも考えられます。

　しかし，振込依頼人には取引先に対して履行義務があるため，その支払を拒んだことにより延滞が発生する等，後日振込依頼人と金融機関との間で紛争が生じる可能性もあります。

　このようなことを考慮し，被仕向金融機関と取引先との関係は，貯金者が死亡しても相続財産として相続人に承継されるものであり，役席者承認取引により被相続人名義の貯金口座に入金し，相続人に連絡します。また，事前に相続人から返金等の依頼を受けた場合には，その依頼にもとづいて取り扱います。

手形・小切手支払依頼書（相続用）

相続（手形・小切手決済依頼）

年　月　日

農業協同組合　御中

被相続人
　おところ
　おなまえ

相続人
　おところ
　続柄　　おなまえ
　　　　　　　　　　　　　　実印

相続人
　おところ
　続柄　　おなまえ
　　　　　　　　　　　　　　実印

相続人
　おところ
　続柄　　おなまえ
　　　　　　　　　　　　　　実印

相続人
　おところ
　続柄　　おなまえ
　　　　　　　　　　　　　　実印

　貴組合と当座勘定取引をしておりました上記被相続人は、　　年　　月　　日死亡しました。
　つきましては、同人が生前振出（引受）した手形・小切手のうち現存未決済のものは右記のとおりですので、これら手形・小切手が支払呈示されたときは、被相続人の当座勘定または別段貯金から便宜お支払いくださるようお願いします。この場合に、万一、当座勘定の決済資金が不足する場合には直ちに相続人が入金いたします。
　本件につきまして、万一事故が生じましても、貴組合の責に帰すべき場合を除いて相続人全員が連帯して一切の責任を負い、貴組合にいささかもご迷惑、ご損害をおかけいたしません。

6．当座勘定取引先死亡後の生前振出の手形・小切手の支払

1　未決済手形・小切手明細

①	種　類	小切手・約束手形・為替手形	受　取　人		
	金　額		振出日(引受日)	年　月　日	
	記番号		支払期日	年　月　日	
②	種　類	小切手・約束手形・為替手形	受　取　人		
	金　額		振出日(引受日)	年　月　日	
	記番号		支払期日	年　月　日	
③	種　類	小切手・約束手形・為替手形	受　取　人		
	金　額		振出日(引受日)	年　月　日	
	記番号		支払期日	年　月　日	
④	種　類	小切手・約束手形・為替手形	受　取　人		
	金　額		振出日(引受日)	年　月　日	
	記番号		支払期日	年　月　日	
⑤	種　類	小切手・約束手形・為替手形	受　取　人		
	金　額		振出日(引受日)	年　月　日	
	記番号		支払期日	年　月　日	
⑥	種　類	小切手・約束手形・為替手形	受　取　人		
	金　額		振出日(引受日)	年　月　日	
	記番号		支払期日	年　月　日	
⑦	種　類	小切手・約束手形・為替手形	受　取　人		
	金　額		振出日(引受日)	年　月　日	
	記番号		支払期日	年　月　日	
⑧	種　類	小切手・約束手形・為替手形	受　取　人		
	金　額		振出日(引受日)	年　月　日	
	記番号		支払期日	年　月　日	
		合　　　計	枚	金額	円

（注）　当組合と貯金取引がある場合は、実印に代えてお届け印によることができます。

（農協使用欄）

受付日	係印	印鑑照合	検印
年　月　日			

（貯当1－17）

7．当座勘定取引先法人代表者の死亡と代表者変更手続

質問

JAの当座勘定取引先であるA法人の代表者が死亡したと，A法人の経理担当者から連絡がありました。

A法人に，代表者の変更手続を依頼したところ，A法人の経理担当者から，新代表者の選任には時間がかかるため，選任されるまでの間は旧代表者名で手形を振り出したい旨，連絡を受けました。

代表者が不在の場合，依頼どおり旧代表者名により手形や小切手を振り出しても問題ないでしょうか。

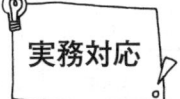

実務対応

当座取引先が個人の場合には，その取引先（委任者）の死亡によりJAとの間で締結されていた当座勘定取引契約は終了するため，相続人が引き続き当座取引を希望する場合には，その相続人とJAとの間で新たに当座勘定取引契約を結ぶことになります。

当座取引先が法人の場合には，その代表者が死亡しても法人は消滅するわけではありませんので，直ちに代表者変更手続を行うよう，当該法人に依頼し，新代表者が選任されていることを登記簿謄本により確認のうえ取引を行います。

法人と取引を行う場合にはその代表者と行うべきであり，旧代表者名義で手形・小切手を振り出させるべきではありません。

7．当座勘定取引先法人代表者の死亡と代表者変更手続

●個人取引先が死亡した場合の対応

解説　当座勘定取引契約は，取引先が振り出した手形・小切手の支払をＪＡに委託する支払委託契約（小切手契約）と支払委託事務を処理するために取引先がＪＡに金銭を寄託する消費寄託契約（当座貯金契約）からなる混合契約です。

支払委託契約は民法上の委任契約であることから，当座取引先が個人の場合には，その取引先（委任者）の死亡により終了するとする「終了説」と商行為の委任による代理権は本人死亡を理由に終了しないとする「存続説」とがありますが，一般的には，「終了説」がとられています。したがって，相続人が引き続き当座取引を希望する場合には，その相続人とＪＡとの間で新たに当座勘定取引契約を結ぶことになります。

●法人の代表者が死亡した場合の対応

法人の代表者が死亡しても法人格は消滅するわけではありませんので，直ちに代表者変更手続を行うよう，当該法人に依頼し，新代表者が選任されていることを登記簿謄本により確認のうえ取引を行います。

なお，当座勘定規定では代表者に変更があった場合には，直ちに書面により該当店舗に届け出る旨を規定し，届出前に生じた損害についてＪＡは責任を負わない旨定めているため，ＪＡの支払により損害が生じても免責されると考えられます。

1．代表者変更手続

(1)　他に代表者がいる場合

代表者が死亡した場合には，その者の死亡時からその法人の行為は他の代表者名義で行う必要があります。したがって，直ちに登記簿謄本（抄本）により代表者の確認を行うとともに代表者変更届の提出を求め，その者と取引を継続します。

(2)　他に代表者がいない場合

早急に，その法人において必要な機関決定（株式会社の場合，取締役会を設置していれば取締役会の決議，取締役会を設置していなければ株

主総会の決議等）により新代表者を選任してもらったうえで，登記簿謄本（抄本）により代表者の確認を行うとともに代表者変更届の提出を求め，その者と取引を継続します。

2．旧代表者名での手形の振出

(1) 生前の旧代表者名義の手形・小切手の振出

　株式会社の場合，代表取締役は，当該株式会社の執行機関として，会社内外の執行を任じ，株主総会または取締役会の決議を実行するとともに，取締役会によって委任された事項を決定・執行する権限を有し，手形・小切手の振出行為も代表取締役の権限に属することになります。

　したがって，代表取締役等の代表者が法人の機関として，生前に振り出した手形・小切手については，代表者が死亡しても法人は消滅せず，また，旧代表者名義で行った行為が遡及して無効になるわけでもないことからＪＡがその手形・小切手を支払ったとしてもその支払は有効と解されています。

(2) 旧代表者死亡後の旧代表者名義の手形・小切手の振出

　当座勘定規定は，代表者に変更があった場合には，当座取引先にＪＡへの届出義務を課し，届出前に生じた損害についてＪＡは責任を負わない旨を定めています。したがって，ＪＡが支払ったことにより損害が発生してもＪＡは，免責を主張できると解されています。

　ただし，実務上は，旧代表者名義で手形・小切手を振り出させるべきではありません。新代表者以外の者を相手とすることは，無権代理行為であり，法的には，後日新代表者から追認を得ない限り無効となります。

　株式会社の場合，何らかの理由で代表取締役を選ぶことができない場合，または，代表取締役の選任に時間を要する場合には，裁判所に仮代表取締役を選任してもらうことも可能です。

　また，裁判所による仮代表取締役の選任もされていない場合には，各ＪＡの判断によることになりますが，損害が少ないと判断できれば，代

7．当座勘定取引先法人代表者の死亡と代表者変更手続

行者を定めたうえで，残りの役員等から書面による依頼書を徴求し，その代行者と取引をし，その後，新代表者が選任され次第，追認を受けるという方法も考えられます。

8．相続させる旨の遺言がある場合の相続貯金の払戻し

> **質問**
>
> 　ＪＡとの間で貯金取引をしていたＡさんが亡くなり，相続人は長女と長男の２人です。Ａさんは，長年にわたり長男と同居し，長男に面倒を見てもらっていましたが，数年前に脳梗塞を患い，その後，長女に面倒を見てもらっていました。
>
> 　今般，公正証書遺言の遺言執行者と名乗るＢさんからＪＡに対し，「相続させる」旨の遺言にもとづき，Ａさん名義の貯金はすべて長女が相続することになったので，すべて長女名義にする旨の依頼がありました。
>
> 　ＪＡでは，Ａさんの相続人は長女以外に長男がいることを知っていたので，長男の同意を得ずにＢさんの請求に応じるべきか迷っています。
>
> 　ＪＡは，どのように対応すればよいでしょうか。

実務対応

　公正証書遺言により相続貯金の払戻請求がなされた場合，遺言公正証書の正本または謄本で，ＪＡの相続貯金についての記載があるか，相続貯金全額が相続人の長女に「相続させる」旨の記載がなされているかを確認します。

　次に，遺言公正証書の中に，遺言執行者としてＢさんが指定されているかを確認します。Ｂさんが遺言執行者に指定されている場合，Ｂさんに対し，当該遺言が最後の遺言で遺言の有効性について争われていないかを確認します。Ｂさんから，最後の遺言で遺言の有効性について争わ

れていない旨の説明を受けた場合は，遺言により相続取得することとなった長女と遺言執行者であるBさんとの連名による相続手続（貯金払戻）依頼書の提出を受け，長女名義に変更します。

しかし，最後の遺言でない，または遺言の有効性について争われている場合は，名義変更を留保します。

また，遺言執行者が全相続人に通知を出していないため，最後の遺言および遺言の有効性について説明できない場合は，遺言執行者に通知を出すことを依頼します。遺言執行者が通知を出すことを応じてくれないときは，ＪＡは知っている相続人（本件の場合は長男）に対し，公正証書遺言にもとづき払戻請求を受けており，相当の期間（2週間から1か月程度）内にＪＡに異議の申出がなされなかった場合は，遺言により払い戻す旨を通知します。

ＪＡに対し，定められた期間内に遺言により払い戻すことについて異議の申出がなかった場合は，遺言執行者に相続貯金の払戻しを行いますが，他に新しい遺言がある等の法的理由を付し受益相続人への払戻しに異議の申出があった場合は，遺言執行者にその旨を伝え名義変更を留保します。

●相続させる旨の公正証書遺言の効力

解説　遺言は，被相続人が自己の死後における遺産の処理等についての意思表示であり，遺言者の死亡により効力が生じることから，民法は遺言の方式について厳格な定めをしており，民法の定める方式に従わないで違反した場合は効力が生じないことになっています（民法960条）。

遺言には普通方式と特別方式がありますが，ほとんど普通方式であり，普通方式には自筆証書遺言，公正証書遺言および秘密証書遺言があります。

公正証書遺言は，原則として遺言者本人の口授により公証人が作成し

ます（民法969条）。公正証書は元裁判官等の公証人が作成するため，方式等の違反によって無効となるおそれが極めて低く，一般的に金融機関は，公正証書遺言については有効として対応しています。

●相続させる旨の遺言の効力

「相続させる」旨の遺言については，遺贈かどうかについて解釈が分かれていましたが，最高裁平成3年4月19日判決は，「特定の遺産を特定の相続人に「相続させる」趣旨の遺言があった場合には，当該遺言書において相続による承継を当該相続人の意思表示にかからせたなどの特段の事情のない限り，何等の行為を要せずして，当該遺産は被相続人の死亡の時に直ちに相続により承継される」との判断を示しました。

このことから，特定の相続貯金を特定の相続人に「相続させる」旨の遺言内容となっている場合は，当該受益相続人は共同相続人による遺産分割協議を経ることなく，直ちに特定の貯金を取得し，自己の署名捺印のみで当該相続貯金の払戻しをＪＡに請求することができることになりました。

●最後の遺言であることの確認

公正証書遺言は，公証人が証人2名立会いのもと作成することから無効になる可能性は極めて低いが，遺言が数通作成され，内容が矛盾抵触する場合は抵触する部分について前の遺言が撤回されたものとみなされます（民法1023条1項）。

そのため，金融機関は払戻請求者が持参している公正証書遺言が，最後の遺言であるかを確認する必要があります。

しかし，相続人である払戻請求者に対し他に遺言があるかの確認をすれば，金融機関に過失はないとする判例（東京高判昭和43・5・28）があり，金融機関の多くはこの判例を根拠として，他の相続人に最後の遺言であるかの確認をしていないようです。

●遺言執行者が指定されている場合

遺言で遺言執行者が指定されている場合，相続人は相続財産の処分そ

8．相続させる旨の遺言がある場合の相続貯金の払戻し

の他遺言の執行を妨げるべき行為をすることができません（民法1013条）。

　そのことから，「相続させる」旨の遺言の場合であっても，相続貯金の払戻（名義変更）権限については，遺言執行者だけが有するのか，それとも前記最高裁平成3年4月19日判決の趣旨から遺言執行の余地がなく受益相続人だけが有するのか，高裁段階で見解が分かれており，最高裁の判断が示されていないため，受益相続人と遺言執行者との連名により払戻請求を受けるものとします。

　また，遺言執行者は遺言を執行する前に相続人に対し，遺言執行者を受諾する旨を通知することになっており（民法1007条），遺言執行者がこの通知を出していない場合は，遺言執行者に通知する旨を依頼します。公正証書遺言の場合は家庭裁判所の検認手続がないため，この通知を出すことにより，相続人は遺言の存在を知り，遺言執行者は相続人に最後の遺言および遺言の有効性について確認することになります。

●知れたる相続人への通知の必要性

　遺言執行者からＪＡに対し，前掲東京高裁昭和43年5月28日判決を根拠に，金融機関は全相続人に最後の遺言であることの確認義務はなく，遺言は公正証書のため有効であり，遺言執行者から相続人への通知がなされていなくても金融機関は遺言執行者の払戻請求に応じる義務があるとして，相続人への通知を拒絶される場合があります。

　しかし，この判例のケースは，払戻請求者が唯一の相続人であり，払戻請求者に確認することは，結果的に全相続人に確認したことになります。また，当時の遺言を作成することが少なかった時代と違い，遺言が多く作成されるようになった現在においても，払戻請求者のみに確認をすれば過失がないとされるかは疑問があるところです。

　そのため，ＪＡとしては遺言執行者が協力してくれない場合，誰が相続人であるかわからないことから，被相続人および相続人の戸籍謄本等を取り寄せるかについては，そこまでする必要はなく，ＪＡが今までの

取引等により相続人であることを知っている相続人に確認すれば，仮に最後の遺言でない場合であっても，ＪＡの過失が問われる可能性は限りなく少なくなると思われます。

　ＪＡから相続人への通知には，「遺言にもとづき払戻（名義変更）請求を受けており，払戻しに応じる予定のため，払戻しに異議がある場合は平成○年○月○日までに法的理由を付して書面で申し出る」旨を記載します。異議申出の期間は，異議の申出を検討するために必要な期間であり，最後の遺言でない，遺産分割協議済みであるなど，法的に払戻しができない事由があれば異議の申出ができることから，2週間から1か月間程度あれば十分と思われます。

　　　　　●**遺留分減殺請求権行使の通知が送達された場合の対応方法**
　遺言執行者またはＪＡからの遺言にもとづき払い戻す旨の通知に対応し，遺留分減殺請求権を行使した旨の通知がＪＡに送達された場合，遺留分を侵害する限度において遺言の効力は消滅し，受益相続人が取得した権利は，その限度で当然に遺留分権利者に帰属します（最判昭和57・3・4等）ので，当該遺言執行者に対して遺留分減殺請求権行使に伴い払戻しを留保することの説明を行い，払戻しを留保します。

8．相続させる旨の遺言がある場合の相続貯金の払戻し

¶ 「相続させる」旨の遺言の最高裁判決

　被相続人は，死後の世界まで自分の財産を持って行くことはできませんが，自分が苦労して築いた財産について，死んだ後の財産をどのように相続させるかを決めることができます。

　そのため，特定の相続財産を特定の相続人に相続させる場合に，公証役場で公証人が作成する公正証書において，「相続させる」と記載してきました。また，登記実務も「相続させる」旨の遺言の場合，遺産分割協議を経なくても相続を原因として所有権移転の登記が行われてきました。

　しかし，下級裁判所において，「相続させる」旨の遺言があっても，改めて共同相続人間で遺産分割協議が必要である旨の判決が出されたため，相続貯金の払戻実務においては法定相続人全員の同意を要求するのが従来の実務でした。

　以上の状況のため，最高裁判所の判断が待たれていたところ，最高裁は平成3年4月19日に「相続させる」旨の遺言について，「何らの行為を要せずして，当該遺産は被相続人の死亡の時に直ちに相続により承継されると解すべきである」とする見解を示しました。

　この判決は，金融実務上の問題を解決し，相続分野における非常に重要な判決となりました。

　さらに，「相続させる」旨の遺言については，遺言で指定された相続人が遺言者より先に死亡した場合，当該相続人の子に代襲相続されるか争いがありましたが，平成23年2月22日に代襲相続されない旨の最高裁判決が出されたので，あとは相続貯金について遺言執行者による執行の余地があるかの判断が待たれます。

9．遺言がない場合の相続貯金の払戻し

質問

JAとの間で貯金取引をしていたAさんが亡くなり，妻のBさんから死亡届がありました。Aさんは遺言書を作成していないとのことであり，JAにあるAさん名義貯金の相続手続について説明を求められました。JAは，どのように説明すればよいでしょうか。

また，後日，長男が来店し，遺産分割協議書にもとづき相続貯金の払戻請求がなされましたが，他の相続人の同意を得ないで払戻請求に応じてよいでしょうか。

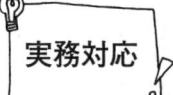

実務対応

JAは妻のBさんに，遺言がない場合は，相続人全員でJAの相続貯金について，誰が相続するかを協議のうえ決めていただくことを説明します。

そして，その結果を相続手続（貯金払戻）依頼書に記載のうえ，相続人全員が署名捺印する方法と，その結果を記載した遺産分割協議書にもとづき，JAの相続貯金を相続した相続人だけが相続手続依頼書に署名捺印する方法について説明します。

さらに，相続貯金の払戻しに必要な書類として，以下の書類について説明します。

①被相続人の生まれてから亡くなるまでの全連続した戸籍謄本（改製原戸籍を含む）および除籍謄本，②相続人が既に亡くなり代襲相続人がいる場合，婚姻等により被相続人の戸籍から除籍され新戸籍編製時の姓と現在の姓が違う場合，相続欠格者がいる場合，相続人の廃除がなされ

ている場合は，各該当する相続人の戸籍謄本，③相続人（代襲相続人を含む）の印鑑証明書，④相続放棄をしている場合は家庭裁判所の相続放棄申述受理証明書。

　その後，遺産分割協議書にもとづき払戻請求がなされた場合，遺産分割協議書に相続人全員が署名捺印しているか，原則として３か月以内の印鑑証明書が添付されているか，印鑑証明書と同じ印影であるか，相続手続依頼書にＪＡの相続貯金について遺産分割協議書の内容と同じ内容が記載されているか等を確認します。

　そして，遺産分割協議書の記載内容にもとづき，ＡさんのＪＡ貯金を相続取得した相続人からの請求であれば，ＪＡは相続貯金払戻請求の際に改めて共同相続人全員の同意を求める必要がなく，相続取得することになった相続人から相続手続依頼書に署名捺印を受け，払戻しに応じるものとします。

●遺産分割協議の必要性

　相続は，被相続人の死亡と同時に発生し（民法882条），相続人は被相続人の一身専属によるものを除き，相続開始時から被相続人の所有していたいっさいの権利義務を承継します（同法898条）。

　相続人が数人いるときは，相続人全員で共同相続するため相続財産は共有となり（民法898条），相続人は法定相続分に応じて被相続人の権利義務を承継することになります（同法899条）。

　そのため，分割できない債権（不可分債権という），動産，不動産のような財産については共同所有のため法定相続分による持分権を有することから，相続人間で誰がどの遺産を相続するかを具体的に決める必要があり，このことを「遺産分割協議」といいます（民法906条・907条）。

第1編　相　　続／第1章　貯金取引と相続

●預貯金の相続についての考え方

　預金者が死亡した場合，相続預金は共同相続人が法定相続分に応じて当然に分割承継されるかについては，銀行預金と同じ分割できる債権である損害賠償請求権について，最高裁から分割承継する旨の判例が出ていましたが（最判昭和29・4・8），銀行預金そのものについては最高裁の判例が出ていませんでした。

　そのため，銀行預金の相続については，相続開始と同時に当然に分割承継されるという判例の考え方である当然分割説と，全相続人が合有するので遺産分割までは相続人全員でなければ権利行使（払戻請求）できないとする合有説とが対立していました。

　ところが，最近，相続預金について最高裁の見解が示され（最判平成16・4・20，最判平成16・10・26等），銀行預金も相続発生と同時に共同相続人に当然に法定相続分にもとづき分割承継されることに確定しました。

●遺産分割協議の効果

　可分債権である相続貯金については，相続発生と同時に法定相続分に応じて共同相続人が当然に分割承継することから，その後，さらに相続人で分割協議ができるかについて，相続人全員で遺産分割協議の対象に含めることができる旨の判決があり（福岡高決平成8・8・20），家庭裁判所の実務においても遺産分割の調停・審判が行われています。

　そして，遺産分割協議が成立した場合は遺産分割協議の効果は相続開始時に遡るため，遺産分割協議により相続取得することになった相続人は相続開始時から該当の相続貯金を相続取得したことになります（民法909条）。

●遺産分割協議書の作成方法

　相続人は，遺言または家庭裁判所の審判により分割が禁止される場合を除き（民法908条・907条3項），いつでも共同相続人全員で遺産分割協議ができ，他の共同相続人が遺産分割協議に協力しないときは家庭裁

9．遺言がない場合の相続貯金の払戻し

判所に遺産分割の審判を求めることができます（同法907条2項）。

　また，遺言で相続人以外への遺贈がない場合，相続人全員が遺言の存在を認識しながら遺産分割協議を行ったときは，遺産分割協議は有効となります。

　遺産分割協議を行った場合は，その結果を書面にし，相続人全員が署名捺印（実印）し，被相続人の生まれてから亡くなるまでの戸籍（除籍）謄本，相続人の印鑑証明書，必要により（不動産の登記申請の場合は常に必要）相続人の戸籍謄（抄）本を添付したものが遺産分割協議書です。

　また，遺産分割協議書を添付しない場合は，相続手続依頼書にＪＡの相続貯金について遺産分割協議の結果を記載し，相続人全員が署名捺印のうえ払戻請求することから，当該相続手続依頼書は，一種の遺産分割協議書に当たると考えられます。

¶　**遺産分割は「田分け」か？**

　遺産分割協議が成立しないケースが増えているような気がします。数年前，単独相続と判断のもと相続貯金全額を払い戻しました。しかし，その後，共済満期金を支払うことになり，再度調査したところ，もう1人相続人がいることが判明しました。相続人は2人ですが，2人とも養子で話し合いができる状態ではありません。このようなケースこそ家庭裁判所に調停を申し立て，調停委員に話を聞いてもらい，納得のうえ調停が成立，または不成立の場合は審判により決着させるべきと思います。

　相続は「争続」であるとも言われていますが，民法による遺産分割は，相続人が公平に分割することを基本にしており，これが「田分け」にならなければと思っています。遺産分割協議により，被相続人が精魂込めて耕し護ってきた農地が「田分け」となり，結果的に農地の細分化により相続人の収入減から家系が衰退すれば，あの世で苦労した被相続人も浮ばれないのではないかと思います。

　以上から，「田分け」とは馬鹿者や愚か者を指す意味で使われていますが，「田分け」の語源は，「戯け」のようです。

　遺産分割協議が「田分け」にならないよう，蔭ながら心配しています。

10．相続貯金払戻後に遺言にもとづき支払請求を受けた場合の対応方法

質問

　ＪＡとの間で貯金取引をしていたＡさんが亡くなり，先日，相続人である長男と次男がＪＡに来店し，ＪＡにある相続貯金全額の名義変更依頼がありました。

　ＪＡでは，2人に遺言があるかを確認したところ，遺言はないとのことでしたので，被相続人の戸籍謄本と除籍謄本および印鑑証明書の提出を受け，相続人が2人だけであることを確認し，2人からＡさん名義の相続貯金全部について，名義変更する内容の相続手続依頼書に署名捺印を受け，名義変更に応じました。

　数日後，遺言執行者と名乗る人物がＪＡに来店し，自筆証書遺言によりＡさん名義の定期貯金500万円はＢさんが贈与を受けたので，支払うよう請求しました。

　ＪＡでは，既に長男と次男に名義変更していたので，支払に応じられない旨返答しました。

　すると，遺言執行者は，遺言がある場合は遺言が優先するため，ＪＡの名義変更は無効であり，貯金を元に戻し支払う義務がある旨主張しました。

　ＪＡは，名義変更済みの貯金を元に戻し遺言執行者に支払わなければならないでしょうか。

第1編　相　　続／第1章　貯金取引と相続

実務対応　ＪＡの長男および次男への名義変更手続において，ＪＡに過失がある場合は遺言執行者の主張するとおり名義変更は無効となるので，元に戻さなければならないことになります。遺言執行者から事前に，遺言があるため名義変更や払戻しに応じない旨の連絡がなされているのであれば，悪意ということになり名義変更は無効となります。

　しかし，そのような連絡がなされていない場合は，ＪＡは名義変更手続において善意・無過失となり，名義変更は有効となることから遺言執行者に対し，貯金を元に戻し支払う必要がない旨説明します。

●相続は法定相続による遺産分割協議が基本

解説　人が死亡すると同時に相続が発生し，相続人は相続開始の時から被相続人の財産に属したいっさいの権利義務を承継しますが（民法894条），遺言がある場合は遺言が優先します（同法902条）。

　遺言は年々増加していますが，まだ遺産分割協議により相続財産を承継するケースのほうが多く，相続貯金の払戻しを行う場合は，法定相続による遺産分割協議にもとづく対応が基本となります。

　分割可能な債権については，判例は一貫して，相続発生と同時に共同相続人に当然に法定相続分に応じて分割承継される見解を示してきました。

　そして，分割された債権についても，遺産分割協議の対象となり，遺産分割協議が行われると，その効果は相続発生時に遡り生じることになります（民法909条）。

　しかし，相続人の間で遺産分割の話し合いができない場合は，家庭裁判所に対し，遺産分割の調停または審判を求めることができます（民法907条2項）。

　そのため，各金融機関では，相続手続（貯金払戻）依頼書に相続人全

10. 相続貯金払戻後に遺言にもとづき支払請求を受けた場合の対応方法

員の署名捺印または遺産分割協議書（写）の添付を受け，相続貯金の払戻しに応じています。

●遺言の有無の調査について

　貯金者が遺言を遺していた場合，遺言が優先することになるため，窓口係は遺言の有無について確認する必要があります。

　確認は誰に対して行えばよいのか。払戻請求者だけでよいのか，相続人全員に対して行う必要があるのか，それとも，相続人以外の人にも確認する必要があるのか，ということですが，特段の事情がない限り相続人以外の人に確認する必要はありません。

　相続手続依頼書には，遺言がない旨を記載してあり，相続人全員が署名捺印することから，相続人全員に遺言の存在について確認をしていることになります。

　また，相続手続依頼書に遺産分割協議書（写）を添付のうえ，ＪＡ貯金を相続取得することになった相続人単独の署名捺印により払戻請求を受ける場合も，遺産分割協議は遺言がないときに相続人全員で行うものであり，遺言がある場合でも受遺者の同意を得ていれば，遺言と違う内容の遺産分割協議ができます。

　以上から，どちらの場合も，相続人全員に遺言があるかを確認していることになり，問題はありません。

●ＪＡの相続貯金払戻しにおける過失の有無について

　遺言がある場合，金融機関は誰に遺言があるかを確認するのかといえば，特段の事情がない限り相続人になります。そのため，相続人全員に遺言があるかを確認すれば，仮に遺言がある場合であっても，金融機関は相続人以外から遺言の存在を確認する手段がないため，金融機関に過失があることにはならないと考えます。

　そのため，金融機関は相続人に対し，善意・無過失により相続貯金を払い戻した場合は，民法478条の債権の準占有者に対する弁済に該当し，その後に，遺言による払戻請求を受けても，払戻しが無効として相

49

続貯金を元に戻すようなことをする必要がありません。

　遺言の有無の調査について引用される東京高裁昭和43年5月28日判決は，「遺言が有るかの確認は払戻請求者にすればよい」とされ，法定相続分による払戻しについて，民法478条の債権の準占有者に対する弁済の適用があるとしています。

　しかし，当時は遺言をすることは例外的であり，さらに，相続人は払戻請求者1人であることから払戻請求者に確認することは，取りも直さず相続人全員に確認していることと同じであるため，当時より遺言をする人が増えてきている今日において，共同相続の場合に払戻請求者だけに遺言の存在を確認すればよいかといえば疑問が残るところです。

　以上から，遺言執行者がいる場合は，遺言執行者から遺言の存在および遺言を執行する旨の通知を全相続人に通知することを依頼し，どうしても応じてくれない場合は，せめてＪＡが知っている相続人だけでも遺言にもとづき払戻請求を受けていることを通知すれば，遺言が有効かつ最後の遺言であることの確認について過失を認定されることはないと考えます。

　なお，遺言の存在の可能性は支払拒絶の正当な理由とはならないことを示唆した判例もあり，遺言の有無の確認については金融機関に重い責任を求めないのが裁判実務の流れのようです。

10. 相続貯金払戻後に遺言にもとづき支払請求を受けた場合の対応方法

¶ 遺言による払戻通知を相続人に出す必要がないか？

　遺言は年々多くなってきており，遺言者は色々なことを考慮して遺言を遺していると思われます。そして，遺言の内容が極端な場合，遺留分減殺請求権者は遺留分減殺請求権を行使しています。

　先日も，長女に全財産を相続させる旨の公正証書遺言にもとづき，遺言執行者から相続貯金全額の払戻請求を受けました。遺言執行者に受益相続人以外の相続人に対し，遺言があることを通知してあるかを確認しましたが，遺言と同時に長女が相続したので通知する必要はなく，すぐに全額支払うよう主張されました。そこで，ＪＡは長男と取引があることから，長男に最後の遺言であるかを確認するため，遺言により払戻請求を受けている旨を伝えたところ，長男から遺留分減殺請求権を行使するので，払戻しを留保する旨の依頼を受けました。

　また，同時に長男から，「払戻しをする前に知らせてくれて，ありがとう。遺留分減殺請求権を行使できるといっても，貯金を使われてしまってから行使しても意味がないから。さすが，ＪＡだね。」という言葉をもらいました。

　長男は長年にわたり被相続人の面倒を見ていましたが，数年前から長女が被相続人の面倒を見ており，遺言は亡くなる少し前に作成されたものでした。

11. 相続人の中に未成年者がいる場合の相続貯金の払戻し

質問　ＪＡとの間で貯金取引をしていたＡさんが若くして亡くなり，相続人は妻のＢさん，未成年者である子のＣさんとＤさんの３人です。
　今般，妻のＢさんから相続貯金全額の払戻請求がなされましたが，このまま応じた場合，後で利益相反行為として払戻しが無効にならないか心配でたまりません。
　このまま応じてよいでしょうか。

実務対応　相続貯金の払戻請求が遺産分割協議にもとづくものなのか，それとも各法定相続分の合計額の払戻請求なのかを確認する必要があります。
　遺産分割協議にもとづく払戻請求の場合は，未成年者各人に特別代理人が選任されていることを，家庭裁判所の特別代理人選任の審判書謄本で確認します。
　遺産分割協議書が添付されている場合は，その内容が特別代理人選任審判書謄本記載の内容と合致していること，ならびに，その特別代理人が参加のうえ作成されていることを確認します。
　また，相続手続（貯金払戻）依頼書に特別代理人が署名捺印している場合は，その依頼書の内容が特別代理人選任審判書謄本記載の内容と合致しているかを確認します。
　そして，遺産分割協議によらない法定相続分にもとづく払戻請求の場合は，母親であるＢさんが自己および未成年者である子２名の親権者と

して，各自の法定相続分を請求していることを確認します。

●親権者と未成年である子との利益相反行為

解説　相続人の中に未成年者がいる場合，未成年者と親権者との利益相反行為に注意する必要があります。

　子の実父母（養子となった場合は養父母）は，親権者として子の財産を管理し，その財産上の行為について子を代表（代理）することになっており（民法818条1項・2項・824条本文），この管理には処分も含まれるため遺産分割協議を行うことができます。

　しかし，相続人の中に未成年である子とその親権者がいる場合，その親権者が未成年者である子を代理して遺産分割協議を行えば，親にとって利益となり子にとって不利益となることがあるため，親権者が子を代理して遺産分割協議を行うことは利益相反行為に当たるとして禁止されています。

　この場合，遺産分割協議が子にとって利益となる内容であっても親子間の利益相反行為に該当し，遺産分割協議は無効となるので家庭裁判所に子のために特別代理人の選任を申し立て（民法826条1項），家庭裁判所選任の特別代理人が子を代理して遺産分割協議に参加することになります。ここで注意をすることは，特別代理人選任審判書謄本の中に，「別紙の遺産分割協議書（案）の遺産分割協議を行う」ために特別代理人を選任する旨記載されている場合は，遺産分割協議の内容が同審判書記載の遺産分割協議書（案）のとおりであるかを確認する必要があります。もし，内容が異なっていた場合は，遺産分割協議は無効となります。

　また，相続人の中に数人の未成年者がいる場合は，未成年者1人ごとに特別代理人を選任する必要があります（民法826条2項）。

●親権者の法定相続分による払戻請求

　相続が発生した場合，相続財産は共同相続人の共有となり，各相続人

は相続分に応じて被相続人の権利・義務を承継しますが（民法898条・899条），相続財産中の分割可能な債権は法律上当然に分割され，各共同相続人はその相続分に応じて権利を承継し（最判昭和29・4・8），銀行預金についても同様な判決が出されています（最判平成16・4・20等）。

このことから，親権者が未成年者である子の法定相続分の貯金払戻しを請求することは，遺産分割協議とならず貯金債権から現金に換えるだけであり，利益相反行為に該当しないと解されているため，親権者は未成年者である子の法定相続分にもとづく貯金の払戻請求および受領ができ，特別代理人を選任する必要はありません。

●**名義変更の場合は特別代理人選任が必要**

相続貯金を未成年者である子または親権者名義に変更する場合，特別代理人の選任が必要となるかが問題となります。

親権者が未成年者である子の法定相続分の払戻しを行うことは，貯金を現金に換えるだけであり，遺産分割行為に該当しないため問題はありません。しかし，名義変更は名義変更行為そのものが遺産分割行為に該当すると解されているため，名義変更を行うには特別代理人の選任が必要となります。

未成年者である子名義に変更する場合であっても，利益相反行為に該当するため特別代理人の選任が必要となります。遺産分割協議により子に相続財産全部を相続させる場合でも，遺産分割協議自体が利益相反行為として特別代理人選任が必要とされています（最判昭和48・4・24）。法律構成で考えると，法定相続分の払戻しは利益相反行為に該当しませんが，名義変更は利益相反行為に該当することに注意してください。

●**親権者名義の貯金口座への入金**

相続貯金の名義変更ではなく，子の法定相続分にもとづく払戻しと同時に，その払戻金を親権者名義の貯金口座へ入金する場合は，実質的に名義変更と変わらないため，特別代理人選任が必要でないかという考え

11. 相続人の中に未成年者がいる場合の相続貯金の払戻し

方があります。

　確かに結果だけを見れば，子の法定相続分の貯金は親権者の貯金になっており，遺産分割や名義変更を行ったことと同じではないかと思われるかもしれません。

　しかし，親権者は，未成年者である子の財産管理の一環として，子の現金を自己名義の普通貯金口座に入金することができることから，親権者名義の貯金口座への入金は，遺産分割や名義変更を行ったことにはなりません。払戻しを受けた未成年者の現金を，親権者名義の貯金で管理してはならないということはありません。

　要は，親権者は最終的に自己のためではなく，未成年者である子のために貯金を管理すればよいわけです。そのため，親権者は未成年者である子の法定相続分の払戻金を，他の金融機関にある親権者名義の預金口座に振り込むこともできます。

　なお，親権者が未成年者である子の法定相続分の払戻しを受けないで，相続貯金をそのまま親権者名義に変更する場合は，親権者が子を代理して相続貯金を処分（遺産分割）したとみなされ，利益相反行為に該当することになります。

　未成年者である子の法定相続分の払戻金について，各未成年者名義で普通貯金または定期貯金をすればまったく問題はありません。

●相続人の中に成年被後見人と成年後見人がいる場合

　相続人の中に成年被後見人と成年後見人がいる場合も，成年後見人が成年被後見人を代理して遺産分割協議を行う場合は利益相反行為となり，成年後見監督人が選任されている場合は成年後見監督人が，成年後見監督人が選任されていない場合は特別代理人の選任を家庭裁判所に申し立て，家庭裁判所選任の特別代理人が被後見人を代理して遺産分割協議に参加することになります（民法860条・826条1項）。

第1編　相　　続／第1章　貯金取引と相続

12. 相続貯金の法定相続分の払戻し

> **質問**
>
> 　ＪＡとの間で貯金取引をしていたＡさんが亡くなり，相続人は妻と，長男，長女の3人ですが，長男と長女の仲が悪いため遺産分割協議が成立しません。
> 　今般，長女からＪＡに対し，法定相続分による払戻請求がなされました。
> 　ＪＡは長女に対し，法定相続分の払戻しをすることについて，他の相続人の同意をもらうよう依頼しましたが，長女は法定相続分による払戻しの場合は他の相続人の同意は不要であると主張して譲りません。
> 　さらに，どうしても払戻しに応じてくれない場合は，訴訟を提起すると言われました。
> 　ＪＡは，このまま払戻請求に応じてよいでしょうか。

実務対応

　相続が発生した場合，遺言があれば遺言に従うことになり（民法902条），遺言がない場合は法定相続分で分割承継されるため（同法899条），まず，遺言がないかを確認する必要があります。
　遺言の有無の確認については，相続貯金の払戻請求者に口頭で確認します。遺言がない場合は，次に，遺産分割協議が成立しているかを確認しますが，遺産分割協議ができない場合は，法定相続分による払戻しを検討します。

法定相続分による払戻しをするには，相続人を確認のうえ相続分を確定する必要があり，被相続人の生まれてから亡くなるまでの全連続した戸籍謄本および除籍謄本，相続人の住民票（戸籍の附票）の提出を受けます。さらに，相続人の中に，相続放棄者，欠格者，被廃除者がいないかを払戻請求者に確認し，相続放棄者がいる場合は相続放棄申述受理証明書，被廃除者がいる場合は戸籍謄（抄）本の提出を受け確認します。

　次に，他の相続人全員に対し，次の内容の文書を送付します。

　「相続人である長女から相続貯金について，法定相続分の払戻請求がなされており，異議がない場合は払戻請求に応じるので，異議がある場合は平成○年○月○日までに遺言があるなどの法的理由を付してＪＡ宛て文書で通知してください。」

　上記期日までに他の相続人から何の連絡もない場合，また，単に払戻しに応じてはならない旨の通知がなされた場合は，そのまま払戻請求に応じるものとします。

　しかし，上記期日までにＪＡに対し，遺言があるなどの法的理由が記載された文書が送付された場合は，払戻請求者に通知内容を説明のうえ払戻しを留保します。

　なお，数種類の貯金がある場合は，全体の金額を法定相続分にもとづき払い戻すのではなく，各貯金について法定相続分の払戻しを行うことになります。

●相続人が数人いる場合の対応方法

　　　　　　　　　　人が死亡すると，その亡くなった人の財産は相続人
【解説】　　　　　　に承継されますが（民法896条），相続人が数人いる場
　　　　　　　　　　合は共有となり（同法898条），各共同相続人はその相
続分に応じて分割承継します（同法899条）。しかし，遺言がある場合は遺言が優先し（同法902条），遺言がない場合は遺産分割協議によるため（同法907条１項），遺言の有無や遺産分割協議がなされていないかを確

57

認する必要があります。

　払戻請求者が，遺言がなく遺産分割協議もなされていない旨申し出ても，後日，他の相続人から遺言や遺産分割協議にもとづき払戻請求がなされ，ＪＡが紛争に巻き込まれる可能性があるため，金融実務では原則として他の相続人全員の同意のもとに払戻しに応じています。

　なお，他の相続人の同意が得られない場合は，他の相続人に対し，遺言や遺産分割協議がなされていない場合等は払戻請求に応じるので，異議がある場合はＪＡ宛て法的理由を付して書面で申し出る旨の文書を送付し，異議がない場合は払戻請求に応じ，異議のある場合は払戻しを留保します。

●相続貯金の法定相続分による分割承継

　貯金者が死亡した場合，相続貯金は共同相続人が法定相続分に応じて当然に分割承継されるかについては，銀行預金と同じ分割できる債権である損害賠償請求権について最高裁から分割承継する旨の判決が出ていました（最判昭和29・4・8）。しかし，銀行預金そのものについて最高裁の判決が出ていなかったこと，また，遺言がある場合や遺産分割協議済みの場合等はトラブルに巻き込まれるため，金融機関では相続人全員の同意のもと払戻しに応じることを原則としてきました。

　ところが，最近，相続預金について最高裁の見解が示され（最判平成16・4・20，最判平成16・10・26等），銀行預金も相続発生と同時に共同相続人に当然に法定相続分にもとづき分割承継されることになりました。

　そのため，共同相続人から法定相続分による相続預金の払戻請求がなされた場合，銀行は払戻請求者に払い戻さなければならなくなりました。

　しかし，貯金者が遺言を遺していた場合は遺言が優先することになり，遺言がなく遺産分割協議が行われていたときは遺産分割協議にもとづくことになり，さらに遺産分割中（家庭裁判所での調停を含む）であ

ればその結果にもとづくことになります。
　ＪＡの窓口係は，以上の遺言や遺産分割協議書の存在を確認する必要があり，払戻請求者に口頭で確認します。
　遺言や遺産分割協議書があれば，法定相続分による払戻請求を拒否し，ないということであれば，他の相続人に確認する必要があるため他の相続人の住民票（戸籍の附票も可）の提出を求めます。

●他の相続人への通知の必要性

　上記書類が提出されない場合は，法定相続分による払戻請求であっても払戻請求を拒否し，書類が提出された場合は他の相続人に対し，払戻請求者からＪＡに対して法定相続分による払戻請求がなされており，遺言等があるなどの法的理由により払戻しに異議がある旨書面でＪＡ宛て指定期間（異議を申し出るかを検討する期間としての相当期間であり，２週間から１か月間があれば十分と思われる）内に申出がない場合は，払戻請求に応じる旨の通知を送付します。
　ＪＡ宛て指定期間内に何の連絡もない場合は，ＪＡは払戻請求者に対し，相続貯金の法定相続分による金額を払い戻します。
　遺言がある，遺産分割協議済みである，家庭裁判所の調停成立・審判が確定している，遺産分割協議中または家庭裁判所で調停中である等の理由により払戻しに異議のある旨の回答が，文書で指定期間内にＪＡ宛て通知がなされた場合は，払戻請求を拒否します。
　なお，法的理由を記載せずに単に払戻しに反対する旨の通知が送達された場合は，払戻請求に応じるものとします。

●相続貯金が数件ある場合の対応方法

　相続貯金が１件しかない場合は問題ありませんが，数件ある場合は貯金ごとに法定相続分に応じて払戻しを行うことになります（東京地判平成７・11・30）。定期貯金について解約払戻しを請求された場合は，満期まで解約払戻しを留保することもできますが，定期貯金については期限の利益はＪＡにあるので，期限の利益を放棄のうえ解約払戻しに応じ

るものとします。なお，割り切れず端数が生じた場合は，端数は他の共同相続人のために残すことの同意をもらいます。

相続貯金が定期貯金と普通貯金の場合，定期貯金解約後の払戻請求者以外の相続人が相続した解約金については，普通貯金に入金するものとしますが，相続貯金が定期貯金のみの場合は，被相続人名義の別段貯金口座を開設のうえ解約金を入金のうえ管理することとします。

●遺産分割協議書が作成されている場合の対応方法

貯金は分割可能な債権のため，相続開始と同時に法定相続分にもとづき承継しますが（判例），遺言がない場合は相続人全員で遺産分割協議を行い，協議が成立したときには遺産分割協議書を作成しますので，遺産分割協議書にＡさんのＪＡ貯金についての記載があるかを確認します。

遺産分割協議書の記載内容にもとづき，ＡさんのＪＡ貯金を相続取得した相続人からの請求であれば，ＪＡは相続貯金払戻請求の際に改めて共同相続人全員の同意を求める必要がなく，相続取得することになった相続人からの単独請求に応じ相続貯金を払い戻すものとします。

¶ 相続人の範囲と法定相続分

　相続人になれるのは，被相続人の配偶者と被相続人と血のつながりのある一定範囲の血族等に限られます。

　また，第1順位者と第3順位者が被相続人より先に死亡している場合は，その子（被相続人からみて子が相続人の場合は孫，兄弟姉妹の場合は甥・姪）が代襲相続することになります。なお，代襲相続人については，子の場合は制限がありませんが，兄弟姉妹の場合は一代限り（甥・姪まで）となります。

　法定相続分とは，同順位の相続人が数人いる場合，相続財産に対する各人の分け前の割合をいい，被相続人の配偶者は常に上記相続人と同順位となります。

　具体的には以下の表のとおりとなります。

順位	法定相続人	法定相続分	
1	配偶者と子（直系卑属：孫・曾孫等）	配偶者 1／2	子 1／2
2	配偶者と直系尊属（父母・祖父母等）	配偶者 2／3	直系尊属 1／3
3	配偶者と兄弟姉妹（兄弟姉妹の子）	配偶者 3／4	兄弟姉妹 1／4

（注）　配偶者の相続分は，分子および分母とも順位とともに数値が1つずつ増えて行きます。

13. 相続人の1人が行方不明の場合の相続貯金の便宜払い

質問

ＪＡと貯金取引をしていたＡさんが亡くなり，相続人は妻と長男，次男の3人であるが，次男は数年前から連絡が取れず行方不明とのことです。

今般，妻および長男からＪＡに対し，何かあれば私達が責任を負うので，相続貯金全額を払い戻して欲しい旨の依頼がありました。

ＪＡは，この依頼に応じてよいですか。また，応じる場合，どのような点に注意すればよいでしょうか。

実務対応

相続が発生した場合，遺言があれば遺言に従うことになり，遺言がない場合は法定相続分に応じて分割承継されることになるので，まず，遺言がないかを確認します。

次に，相続人が行方不明の場合は，行方不明者の戸籍謄本および住民票（または戸籍の附票）で亡くなっていないこと，郵便物が返戻されるなど連絡が取れない状況を確認します。

また，行方不明者のために不在者の財産管理人が選任されていないか，さらに，不在者の財産管理人選任または失踪宣告の申立が行われていないかを確認します。

不在者の財産管理人選任および失踪宣告の申立を行う予定がない場合は，遺産分割協議ができないため，次男の法定相続分を残して払戻しを行うことになります。

13. 相続人の1人が行方不明の場合の相続貯金の便宜払い

　次男のために財産管理人が選任された場合は，その財産管理人へ次男のために残しておいた法定相続分を支払います。
　また，次男が失踪宣告制度により死亡した旨の戸籍謄本の提出を受けた場合は，次男の代襲相続人がいるかを確認し，代襲相続人がいれば代襲相続人に，代襲相続人がいない場合は，次男がいなかったものとして妻と長男に，残しておいた相続貯金を支払うものとします。
　なお，相続貯金が少額の場合は，少額貯金の払戻しにかかる特例対応にもとづき払戻しに応じるのも方法です。

●法定相続分による分割承継

　判例では相続が発生した場合，可分債権については法定相続分に応じて分割承継され（最判昭和29・4・8等）銀行預金についても法定相続分に応じて分割承継されることに確定しています（最判平成16・4・20等）。
　そのため，行方不明者以外の相続人に遺言がないかを確認し，遺言がない場合，不在者の財産管理人が選任されていなく，選任申立を行わないときには，遺産分割協議ができないことから相続貯金について，法定相続分に応じて分割承継されたことが確定されたものとして対応することになります。

●不在者の財産管理人

　従来の住所または居所を去り，容易に帰ってくる見込みのない者を不在者といい，その者が財産の管理人を置かなかったときは，家庭裁判所は利害関係人または検察官の請求により，その財産の管理について必要な処分を命じることができます（民法25条）。
　不在者について生存が確認されている場合もあれば生死不明の場合もあり，生死不明の状態が一定期間継続するときは一定の条件のもとで，その不在者を死亡したものとしてみなして法律関係を確定させる失踪宣告の制度があります（民法30条〜32条）。

推定相続人はもちろん，ＪＡも被相続人や不在者との間で貯金または融資等の取引がある場合は，利害関係人として不在者の財産管理人選任を不在者の住所地を管轄する家庭裁判所に請求することができます（家事審判規則31条）。

不在者の財産管理人は，建物の修繕等の保存行為，目的物の性質を変えない範囲内での管理または利用行為（以下「管理行為」という）を単独で行えますが，その範囲を超える行為を行うときには家庭裁判所の許可を必要とします（民法27条～29条）。

そのため，不在者の財産管理人選任審判書謄本，遺産分割にかかる権限外行為許可審判書謄本および不在者の財産管理人の印鑑証明書が必要となります。

なお，法定相続分にもとづく貯金払戻請求行為については，家庭裁判所では管理行為に該当するものとして，貯金払戻許可の審判を行っていないようです。

●**失踪宣告**

生死不明の状態が一定期間続くと，その者を死亡したものとみなす失踪宣告制度があります（民法30条～32条）。

失踪宣告による場合は，当該行方不明者の利害関係人（推定相続人，不在者の財産管理人を指し，債権者は該当しない）から不在者の住所地の家庭裁判所への申立により（家事審判規則38条），生死不明の状態が7年間継続したときは7年間の期間満了の時に（民法30条1項），戦地に臨んだ者や船舶の沈没等危難に遭遇したときは危難の去った時（船舶の沈没時等）に，行方不明者は法律上死亡したものとみなされ（同条2項），行方不明者について相続が開始されることになります。

そのため，行方不明者の戸籍謄本で失踪宣告により死亡していることを確認し，子がいれば代襲相続（再代襲を含む）することになるので，代襲相続人が遺産分割協議に参加することになり，代襲相続人がいない場合は他の共同相続人で遺産分割協議を行うことになります。

13. 相続人の１人が行方不明の場合の相続貯金の便宜払い

¶　相続人の戸籍抄本は本当に必要ないか？

　相続人の戸籍抄本の提出を省略する金融機関が増えてきています。相続貯金の払戻手続において，相続人の戸籍抄本は本当に不要なのでしょうか。

　相続人の戸籍抄本を必要とする最大の理由は，相続人から廃除されていないかを確認するためです。相続人が家庭裁判所から推定相続人廃除の審判を受けている場合は，相続人の戸籍にのみ推定相続人廃除の記載がなされるからです。そのため，不動産の相続登記申請に際しては，相続人の戸籍抄本は必須書類であり，省略することは許されません。

　では，なぜ金融機関の相続貯金の払戻実務において，相続人の戸籍抄本が省略されているのでしょうか。それは，推定相続人廃除がほとんど行われていなく，戸籍に記載されることは稀なためです。稀であれば省略してもよいのかというと，皆無でないため，ノーとなります。

　また，相続人へ過度な事務負担を掛けないためとされていますが，共同相続人の１人から法定相続分の払戻請求を受けた場合は，払戻請求者が廃除されていないかを戸籍抄本で確認すべきと思われます。

　なぜ，相続貯金の払戻しにおいて相続人の戸籍抄本を省略しているのかを知り，相続について正確な知識を身につけましょう。

14. 年金受給者死亡後の年金振込対応

質問 ＪＡに年金受給振込口座を開設していた組合員のＡさんが亡くなり、その後に当該口座に年金が振り込まれました。
どのように対応すればよいのでしょうか。

実務対応 ＪＡは、年金受給者（貯金者）が死亡したことを知った場合、年金受給者の顧客情報に死亡登録を行います。

死亡登録後に年金が振り込まれた場合、連動入金されず、ＪＡは振込金を各種年金の支給機関（国民年金・厚生年金は年金事務所、共済組合年金は各組合本部等をいう。以下同じ）に年金受給者死亡として返金します。

死亡登録前に年金が振り込まれた場合、連動入金となり、ＪＡは振込金を各種年金の支給機関に返金せずに、年金受給者の同一生計内の配偶者または同居の２親等内の親族に各種年金の支給機関への手続を連絡します。

解説 ●年金は偶数月に前月と前々月分を受給（振込）
年金受給者が死亡した場合、年金は死亡月までの分を年金受給者の同一生計内の配偶者または同居の２親等内の親族（以下「相続人」という）が受給（相続財

14. 年金受給者死亡後の年金振込対応

産ではなく固有の財産として）できます。

年金は，偶数月の15日に前月と前々月の分が年金受給者の貯金口座に振込入金されます。たとえば4月15日の場合は，2月と3月分が振込入金されます。

●年金は受給者死亡月までの分を受給できる

上記例で年金受給者が5月に死亡した場合，相続人等は，6月15日支給の年金を受給できますが，年金受給者が死亡していることをJAが知っていた場合は，死亡登録により連動入金されず，JAは全額4月分と5月分）を各種年金の支給機関に年金受給者死亡として返金します。

JAは，相続人に対し，4月分と5月分は受給できるので，相続人から各種年金の支給機関に「死亡届」と「未支給年金請求書」を提出するよう伝えます。

なお，年金受給者の死亡をJAが知らないまたは死亡登録を失念したため連動入金された場合は，そのままとし，JAは相続人に対し，年金受給者が死亡した旨の「死亡届」を各種年金の支給機関に提出するよう伝えます。

また，年金受給者が6月に死亡した場合では，6月分は受給できるが7月分は受給できないものであり，死亡登録してあれば8月15日には連動入金されず，全額（6月と7月分）各種年金の支給機関に年金受給者死亡として返金します。

JAは，相続人に対し，6月分を受給できるので，相続人から各年金の支給機関に「死亡届」と「未支給年金請求書」を提出する旨伝えます。

なお，8月15日に年金受給者が死亡していたことをJAが知らないまたは死亡登録を失念していたため入金された場合，JAは相続人に対し，各種年金の支給機関に「死亡届」を提出することならびに各種年金の支給機関から過払分の返金請求がある旨伝えます。

さらに，5月またはそれ以前に死亡していた場合は，8月15日（6月

67

15日それ以前の場合も含む）支給分の年金を受給できませんが，各種年金の支給機関に「死亡届」が提出されていなく，かつ，ＪＡが死亡を知らないまたは死亡登録を失念していた場合は，そのまま年金受給者の貯金口座に入金されます。しかし，死亡月後の年金は受給できないことから，ＪＡは相続人に対し，各種年金の支給機関に「死亡届」を提出することならびに各種年金の支給機関から過払分の返金請求がある旨伝えます。

　また，年金受給者が死亡していることをＪＡが知った場合，死亡登録を行うため連動入金されず，各種年金の支給機関に年金受給者死亡として返金するとともに，相続人に対し各年金の支給機関に「死亡届」を提出することならびに各種年金の支給機関から過払分の返金請求がある旨伝えます。

15. 相続貯金の差押え

質問

貯金者であるAさんが死亡した旨，相続人のCさんから連絡を受けたので，直ちに被相続人Aさんの貯金に対し事故登録を行いました。

被相続人Aさんの相続人は，配偶者のBさんと子のCさんおよびDさんの3人です。

ある日，被相続人Aさん名義の貯金に対し，相続人Dさんの債権者の申立による「債権差押命令」が裁判所より送達されました。

どのように対応したらいいでしょうか。

実務対応

「債権差押命令」を受理した場合には，その余白等に受理日付および時刻を記入し，差押命令の差押債権目録の記載と照合し，貯金者および差し押えられた貯金を特定するとともに，直ちに当該貯金に対し支払差止めのための事故注意情報登録を行います。

また，差し押えられた貯金の貯金者に対する貸出金等がないか，また，他に差押えがないかを確認します。

本事例の場合は，被相続人Aさんの貯金に対して，相続人Dさんの債権者から差押えがあったものであり，被相続人Aさんの貯金のうち相続人Dさんの法定相続分相当額を限度に差押えがあったものとして取り扱い，安易に相続人に対する支払は行いません。

相続貯金は各相続人の法定相続分に従って分割されるのか（共有

説)，各相続人の合有になるのか（合有説）が問題となるところですが，この場合，ＪＡの実務としては，判例の立場である「共有説」に従い，有効な差押えがなされたものとして取り扱います。

●差押命令により貯金の支払は禁止される

解説　債権差押命令とは，債権者の債務者に対する債権について，債務者が弁済しないことによる債権者の提訴にもとづく判決（債務名義）により，債務者が第三債務者（ＪＡ）に有する債権（貯金等）を債務者に対し支払をすることを禁止し，また，債務者に対し，その債権の取立および処分を禁止する強制執行のことです（民事執行法145条1項）。差押えの効力は，差押命令が第三債務者に送達された時に発生します（同条4項）。

●貸出金等債権および差押えの競合等の有無の確認

(1) 貸出金等債権の確認

差し押えられた貯金の貯金者に対し，貸出金等の反対債権をＪＡが有している場合には，相殺により債権回収を図る必要も出てきますので，「債権差押命令」を受理した場合には，反対債権の有無を早急に確認します。

なお，差押え以前に取得した反対債権であれば，相殺をもって差押債権者に対抗することができます。

(2) 差押えの競合の確認

同一貯金者に対し，他の差押えがあり，各差押額の合計額が被差押債権の総額を超過している場合には，供託所に供託しなければならないため，他の差押えの有無についても確認します。供託をした場合には，事情届をその裁判所に提出します（民事執行法156条3項，同規則138条）。

(3) 不正口座としての凍結口座の有無

被差押貯金が，振り込め詐欺等により凍結された口座である場合には，陳述書の提出に先立って，裁判所に対し凍結口座が差し押えられた

旨の連絡を行います。

●陳述書の作成・提出

陳述の催告書が同封されていた場合には，
① 差押えにかかる債権の存否
② 差押債権の種類および額
③ 弁済の意思の有無
④ 弁済する範囲または弁済しない理由
⑤ 差押債権について，差押債権者に優先する権利を有する者
⑥ 他の差押え，仮差押え，仮処分

の該当項目に記入し，2通（裁判所・債権者）作成のうえ，送達日から2週間以内に，その裁判所に送達されるよう郵送します（民事執行法147条1項）。

故意または過失により，陳述しなかったり，不実の陳述をするなどして，差押債権者に損害が生じたときは，損害賠償の責任（民事執行法147条2項）を負うことになりますので，注意が必要です。

●差押債権者への支払

(1) 取立権にもとづく支払

差押債権者は，債務者に「債権差押命令」が送達されてから1週間を経過しないと差押債権を取り立てることができません（民事執行法155条1項）ので，支払にあたっては，「差押送達通知書」（民事執行規則134条）により債務者への送達後1週間が経過していることを確認します。

また，差押債権者本人であることの確認として，「印鑑証明書」および法人の場合は，「資格証明書」等の提出を受けます。なお，代理人に支払う場合には，差押債権者の「委任状」と代理人の「印鑑証明書」も併せて提出を受けます。

(2) 支払金額等

支払金額は，被差押債権部分の貯金の元金とそこから発生した差押命

第1編　相　　続／第1章　貯金取引と相続

令送達日以降の利息です。

　支払は，原則として振込により，振込手数料は振込金額から差し引きます。ただし，差押債権者の要請により現金で支払う場合は，領収書と引換えに支払います。

(3)　被差押貯金の証書の回収・通帳の記帳等

　被差押貯金が証書式の場合については，民事執行法148条1項により，債務者は差押債権者に対し，証書を引き渡さなければならないとされていますので，支払にあたっては差押債権者または債務者より回収します。回収にあたっては，極力回収に努めることとします。

　また，通帳式の場合は，当該通帳に記帳を行います。ただし，定期貯金のような期限の定めのある貯金については，期限前の取立に応じる義務はありません（民法第136条1項）ので，満期後に支払に応じることになります。

●相続貯金に差押えがあった場合の対応

　貯金者の死亡により，相続が開始すると，相続人は被相続人の財産に属したいっさいの権利義務を承継します（民法896条）。相続人が複数人いる場合には，相続財産は共同相続人全員に帰属することになります。

　しかし，貯金は各相続人の法定相続分に従って分割されるのか，あるいは各相続人の合有になるのかについては問題となるところです。民法898条は，相続人が複数人いるときは相続財産はその共有に属するものとしており，各相続人は個々の相続財産上の持分を有し，自由にこれを処分することができます。判例はこの「共有説」をとっています。

　一方，学説は，各相続人は相続財産全体の上に持分を有するにすぎず，個々の相続財産上には持分を持たないため，個々の持分を自由に処分することはできないとする「合有説」をとるものに分かれています。

　差押えの効力については，「共有説」によると相続人の債権者の差押えは，被相続人名義の貯金であっても分割相続された相続人の貯金に対する差押えとしての効力を有することになりますが，「合有説」による

と被相続人名義の貯金は各相続人に分割され帰属することはありませんので，差押えも不可能となります。

　ＪＡの実務上の取扱いとしては，判例の立場に従った「共有説」を基礎としており，被相続人名義の貯金に対する差押えは，分割相続された相続人の貯金に対する差押えとして効力を有することになります。

　したがって，被相続人名義の貯金に対し，相続人の債権者から差押えがあった場合，速やかに当該貯金に対し，支払停止の設定を行い，安易に相続人に支払わないようにするなど留意が必要です。

　なお，差押後に遺産分割協議を行い，当該貯金の全部を他の相続人に相続させることとしてもこのような分割協議は差押債権者には対抗できないことに留意します（民法909条）。

第1編　相　　続／第1章　貯金取引と相続

16. 税理士からの
　　相続財産評価額証明書の発行依頼

質問

　税理士のＴ氏から「貴ＪＡの貯金取引先であるＰさんの相続に関して相続貯金評価額証明依頼をしたいが，どのような書類の提出をすればよいか」と電話で問い合わせがありました。一般的には，相続貯金残高証明書の発行依頼時に相続人およびその関係者から相続開始を知るのですが，税理士からの連絡で困惑しています。
　Ｐさんの死亡により相続開始となったことも当店では確認しておらず，どう対処したらよいでしょうか。

実務対応

　一般的には「相続財産評価証明書発行依頼まで求める相続人は少ないでしょう。何のために依頼されるのか聞き取りをするとともに，相続開始の事実確認等のため相続人への連絡することも大切です。
　ＪＡによっては，依頼書の標題を「相続貯金残高証明書（兼）相続貯金評価額証明依頼書」とし措置している場合もあります。
　発行依頼者については，その者が相続権利者であるかまたは遺言執行者等であるかの確認のうえ役席者の承認を得て発行します。
　本件の発行依頼者が相続人の代理人（弁護士・税理士等）の場合には，一般に次の書類で確認します。
　ⅰ．「委任状」。これは相続人の代理人から独自様式の委任状の提示を受けた場合は，委任関係を確認のうえ，独自様式の委任状を受け入れて差し支えありません。

ⅱ．相続人の「戸籍謄本」。これは，発行依頼者への委任者が代襲相続等，被相続人の戸籍で相続権利者であることを確認できない場合に提出を受けます。
ⅲ．相続人および相続人の代理人の印鑑証明書（発行後3か月以内）。

なお，代理人の印鑑証明書は，発行依頼書の相続人欄に代理人名と実印を受けるため提供していただくものです。

●金銭債権の相続と金融機関の立場

　貯金債権は金銭債権ですから，理論上各相続人にその相続分に応じて分割承継され，各相続人は，ＪＡに対し各自の法定相続分に応じて個別的にその払戻しを請求できることとなるはずです。

　これに対し，共同相続人の取得する債権は，共同相続人全員に合有的帰属するとの考え方によれば，遺産分割まで債権分割されず，共同相続人全員が共同しなければ債務者に対して請求できないこととなります。

　判例において分割債権の考えがとられているにもかかわらず，ＪＡの実務では，遺産分割前は相続人全員の同意にもとづいて共同相続人全員に一括して払い戻す方法がとられています。これは，相続放棄，相続欠格，排除，遺贈等の相続分に影響を及ぼす事実確認の困難性があること等その危険性を防止するための措置です。

　こうしたことから，相続人の1人からの相続貯金残高証明書発行依頼には，相続によって承継した貯金債権者としての立場での依頼と解され，ＪＡはこれに応じています。貯金債権者に対する残高の証明は他の相続人に対する守秘義務の問題も発生することなく，ＪＡとしてはそれに応じています。

　ＪＡとしては，相続開始の事実と発行依頼人が相続人の1人であることを確認し，残高証明書を発行すればよいわけです。こうした対処の考え方は，相続財産評価証明書の発行の場合と同様です。

●相続財産評価証明書の発行処理【金銭債権（貯金評価上）の留意点】

現在では，評価証明書は多くのＪＡでは所要の情報入力で簡単に出力されるでしょうが，その内実はどう定められているかを紹介しておきます。

貯金の価額は，課税時期における預入高と同時期現在において解約するとした場合に既経過利子の額として支払を受けることができる金額から当該金額につき源泉徴収されるべき所得税の額に相当する金額を控除した合計額によって評価します。

Ⅰ.【原則】⇒（定期貯金・定期郵便貯金等）

　　　預入高 ＋ ★課税時期において解約するとした場合
　　　　　　　　解約するとした場合の既経過利子の額

　　　　　　－ 既経過利子の額につき
　　　　　　　源泉徴収されるべき額

　　　　　　［★預入高×解約利率×既経過日数÷365］

Ⅱ.【例外】⇒（普通貯金等で既経過利子が少額なもの）……預入高

Ⅲ.【中間利払のある★定期貯金】⇒（2年定期貯金）

　　　　　　［★預入高×解約利率×既経過日数÷365
　　　　　　　＋預入高×中間利払利率］

【例題1：定期貯金】

①課税時期における預入高＝10,000千円

②約定利率＝年4.50％

③課税時期における解約利率＝年3.65％

④預入日から課税時期までの日数＝100日

⑤利子所得に対する源泉税率＝20％

　　　　【★解約利率＝期限前解約利率】

【解答】

  $10{,}000 + 10{,}000 \times 0.0365 \times 100 \div 365 \times (1-0.2) = 10{,}080$ 千円

  ★源泉税率＝国税15％，地方税5％

【例題2：定期貯金】

①課税時期における預入高＝20,000千円

②約定利率＝年5.00％

③中間利払利率＝年2.00％

④解約利率（預入後1年以上1年6か月未満）＝2.50％

⑤利子所得に対する源泉税率＝20％

⑥約定期間＝2年

⑦預入日から課税時期までの日数＝1年と73日

  【★解約利率＝期限前解約利率】

【解答】

  $20{,}000 + (20{,}000 \times 0.0250 \times 438 \div 365 - 20{,}000 \times 0.0200)$

  $\times (1-0.2) = 20{,}160$ 千円

  ★源泉税率＝国税15％，地方税5％

ただし，定期貯金，定額郵便貯金および定額郵便貯金以外の貯金については，課税時期現在の既経過利子の額が少額なものに限り，同時期現在の預入高によって評価することになっています（計算式は前記表のとおり）。

●**非課税となる利子等**

利子等のうち，①子供銀行貯金の利子，②納税貯蓄組合貯金の利子，③納税準備貯金の利子，④当座貯金の利子等年1％以下の利率を付される利子は所得税はかかりません。

これとは別に，障がい者等の少額貯金の利子所得等の非課税制度，勤

労者財産形成住宅貯蓄非課税制度・勤労者財産形成年金貯蓄非課税制度があります。
　なお，障がい者等の少額貯金の利子所得等の非課税制度（マル優），障がい者等の少額公債の利子所得等の非課税制度（特別マル優。以下，これらの制度を合わせて「マル優」という）の利用者が死亡した場合のその死亡後に支払を受けるべき利子等に対する課税関係は，その人の相続人が一定の要件を満たす場合を除き，マル優の利用者の死亡の日を含む利子等の計算期間に対応する利子等のうちその人が死亡した日までの期間に対応する部分の金額は，非課税とされています。

16. 税理士からの相続財産評価額証明書の発行依頼

¶ 相続と税金

　所得税の納税義務者が死亡（相続の開始）した場合，相続人が納税義務を承継するようですが，その義務の承継は誰がどのようにして行うのでしょうか。また，この未納所得税は相続税の申告に関係してくるのでしょうか。

(1)　納税者が死亡した場合の確定申告

　納税者が"年の中途で死亡した場合"で死亡した人のその年1月1日から死亡の日までの総所得金額等を計算した結果，死亡した人が確定申告書を提出しなければならない場合に該当するときは，その相続人（包括受遺者を含む）は，相続の開始があったことを知った日の翌日から4か月以内に，死亡した者について，一般の申告に準じ，一定の事項を併せて記載した確定申告書（いわゆる"準確定申告書"）を被相続人の死亡時の納税地の所轄税務署長に提出しなければなりません。

(2)　確定申告書を提出すべき人などが死亡した場合

①　その年分の所得税について確定申告書を提出すべき者が，その年の翌年1月1日からその確定申告書の提出期限までにその申告書を提出しないで死亡した場合においては，相続人は一定の事項をあわせ記載した被相続人にかかる確定申告書を，その相続の開始があったことを知った日の翌日から4か月以内に，被相続人の納税地の所轄税務署長に提出しなければなりません。

②　本来での確定申告日3月15日との関連については，たとえばその年分の所得について確定申告書を提出すべき人が当該申告書を提出しないで翌年3月1日に死亡した場合には，その死亡した人にかかる確定申告書は，通常の提出期限である翌年3月15日でなく，相続人がその相続の開始があったことを知った日の翌日から4か月以内に被相続人の納税地の所轄税務署長に提出すればよいことになります。

第1編 相　　続／第1章 貯金取引と相続

17．外国人貯金者の死亡と相続貯金の取扱い

質問　ＪＡバンクの准組合員で貯金者であるＡさんが亡くなりました。Ａさんは韓国の国籍をお持ちです。奥さんにご来店いただき，家族を確認するとお子さんが1人いるそうです。またＡさんのご両親は亡くなっているそうです。
相続貯金はどのように払い戻せばよいのでしょうか。

実務対応　外国人の相続は本国法によります。本国法を調べなくてはなりません。在日公館（大使館等）で相続に関する書類を発行してもらえる場合は提出してもらいます。Ａさんが大韓民国の国籍をお持ちであることが外国人登録証明書等で確認できたら，夫人およびお子さんの同意で相続貯金の払戻しは可能です。大韓民国民法では子が第1順位で，配偶者も子と同順位とされています。韓国では2008年に戸籍制度が廃止されましたが，家族関係登録簿制度が発足しましたので，家族関係の証明書をいただけるか確認してください。

●外国人の相続

解説　日本にはたくさんの外国人が住んでいます。韓国籍・北朝鮮籍の人も多く日本に住んでいます，最近では中国，フィリピン，インドネシア等から仕事を求めるなど移住してくる人もいます。それらの外国籍を持つ人について相続

が発生した場合は，本国法によると日本の法律に定められています（法の適用に関する通則法36条）。

●**外国人の相続貯金払戻し**

外国籍の人が亡くなったときは本国法を調査します。領事館等が発行する「死亡証明書」・「相続に関する証明書」等の書類の提出を受け，相続人を確認します。日本人と同様に全相続人合意のうえで貯金払戻し戻等に応じることを原則とします。相続人が日本に在留しているときは，居住地の市町村が発行する「外国人登録証明書」を提出していただきます。ただし，外国人登録証明書については常時携帯義務について争いがあることに留意します。

相続貯金の払戻しにあたっては，できるだけ実印を押印してもらいます（外国人登録証明書を持っている人は実印登録ができます）。サインによる場合は，在日公館で発行してもらえるサイン証明書を添付していただきます。

外国人の相続は本国法によらなくてはならないため，ＪＡバンクの調査負担が重く，どうしても限界があります。金額にもよりますがある程度の調査で割り切った対応をせざるをえないこともあると思われます。たとえば家族関係をヒヤリングして，日本法による場合と同様の対応をするといった割り切りです。厳密な調査ができない場合等，次のような念書をいただくことにより少しでもリスクを軽減化することを考えます。

また，調査しても相続人が確定できない場合等，相続貯金を法務局（所轄供託所）に供託する方法もあります。この供託は「債権者不確知」の供託といい（民法494条），調査しても債権者が誰だかわからない場合に認められますが，調査が甘いと認めてもらえません。しかし，外国人の死亡は本国法調査等たいへん難しい問題を含んでいますから，「債権者不確知」として供託できる可能性がありますので法務局と相談してみてください。

〈念書例〉

念　書

平成〇〇年〇〇月〇〇日

〇〇農業協同組合御中
被相続人〇〇〇〇
相続人：住所・氏名・印（実印）
相続人：住所・氏名・サイン

　私ども相続人は，被相続人〇〇の相続について，被相続人の本国である〇〇国法に則り相続人となった者です。被相続人〇〇名義の〇〇口座（口座番号〇〇〇〇）に関して貴組合に依頼して行われた手続について，今後異議を申し立てることはいたしません。万一この相続について紛議を生じた場合には，私ども相続人において解決し，貴組合にご迷惑をおかけしません。本件の取扱いにより貴組合に損害が生じたときは，各相続人が連帯して賠償します。貴組合と紛議が生じた場合は日本法に則り解決を図るものとし，合意管轄地を〇〇地方裁判所とします。

第2章　融資取引と相続

18. 貸越のある総合口座取引の相続

質問

組合員Aさんが死亡し，相続が開始しました。相続人は配偶者Bさんと子Cさん，Dさんとなっています。Aさんとは総合口座取引があり，すでに貸越が発生しています。
どのように対応すればよいでしょうか。

実務対応

総合口座取引先の死亡の事実を知ったときは，普通貯金，定期貯金の支払停止手続をとるほか，新たな貸越の発生を防ぐ必要があるときは，相続人B，C，Dさんに対して貸越取引の中止または解約通知を発送します。

また，すでに発生している貸越元利金については，質権実行，差引計算（相殺または払戻充当），解約充当などの方法により回収できますが，回収後の残余の担保定期貯金は相続貯金ですから相続手続に従って処理します。

解説

●総合口座取引先の死亡と貸越元利金の即時支払義務

総合口座取引規定12条は，貸越元利金の即時支払事由を定めていますが，この規定は消費者ローン等の期限の利益喪失規定と同様のものです。そして同条1項

では，ＪＡからの請求がなくても当然に貸越元利金の弁済義務を負う場合として，①支払停止または破産，民事再生手続開始の申立があったとき，②相続の開始があったとき，③貸越金利息の元本組み入れにより極度額を超えたまま６か月を経過したとき，④所在不明となったとき，を規定しています。

したがって，契約者Ａさんが死亡したとき（相続の開始があったとき）は，Ａさんの相続人Ｂ，Ｃ，Ｄさんが，ＪＡからの請求がなくても当然に貸越元利金の即時支払義務を負担することになります。

●総合口座取引先の死亡と貸越取引の中止・解約

(1) 総合口座取引先の死亡と貸越義務

しかしながら，総合口座の貸越契約には，当座勘定取引上の当座貸越契約の場合のような支払委託契約は存在しません。したがって，契約者Ａさんの死亡によって当然に貸越契約が終了するわけではなく，Ａさんの相続人Ｂ，Ｃ，Ｄさんは，すでに発生している貸越元利金の即時支払義務は負うものの，貸越極度額の範囲内で貸越を受ける権利も相続しているため，貸越極度額まで貸越請求をすることができ，ＪＡは貸越義務を負うことになります。

ただし，相続人が１人のみの場合は当該相続人による貸越，または本事例のような共同相続の場合は相続人Ｂ，Ｃ，Ｄさん全員の同意による貸越でなければ有効な貸越とは認められません。たとえば，無権利者による貸越の場合のほか，共同相続人の一部の同意が得られていない貸越の場合は，後日トラブルを招くおそれがあります。

(2) 総合口座取引先の死亡と貸越取引の中止・解約

一方，総合口座取引規定13条２項は，同12条各項の事由があるときは，ＪＡはいつでも貸越を中止しまたは貸越契約を解約できるものと定めています。そこで，契約者Ａさんにつき相続が開始した場合に，新たな貸越の発生を防ぐ必要があると判断される場合は，ＪＡは，すみやかに貸越取引を中止または解約する旨を相続人Ｂ，Ｃ，Ｄさんに通知し

て，ＪＡの貸越義務を免れることができます。

(3) 貸越元利金の回収と残余担保定期貯金の相続処理

また，すでに発生している貸越元利金については，Ａさんが死亡したときに支払期限が当然に到来するため，担保定期貯金の質権実行，差引計算（相殺または払戻充当），解約充当などの方法により回収することができますが，相続人間に争いがない場合は，相続人Ｂ，Ｃ，Ｄさん全員の同意を得て同意にもとづく相殺手続（たとえば，相続人全員による相殺依頼書を提出してもらって，差引計算書を交付する方法など）のほか，払戻充当または解約充当などの簡易な方法が考えられます。ただし，相続人間に争いがある場合は，相続人Ｂ，Ｃ，Ｄさん全員に対する相殺通知や質権実行の方法で回収すべきでしょう。

なお，いずれの場合も，貸越元利金を回収した残余の担保定期貯金は相続貯金ですから，相続手続に従って処理します。

また，Ａさんの死亡後の貸越が無権限者に対する貸越であった場合，ＪＡがＡさんの死亡を知らずかつ知らないことにつき過失がない場合は，その貸越債権は相続人Ｂ，Ｃ，Ｄさんに対して行使することができ，担保定期貯金から回収することができます。しかし，ＪＡがＡさんの死亡を知っていた場合または知らないことにつき過失があった場合は，当該貸越元利金を相続人に請求することはできません。

第1編　相　　続／第2章　融資取引と相続

19. 貸出先の死亡と貸出金の回収
　　（団信がある場合とない場合）

質問

住宅ローンの貸出先Ａさんが死亡したため，加入していた団信の共済金を請求しましたが，共済金が支払われる前に約定返済日が到来する場合，どのように対応すればよいでしょうか。

また，団信がない場合，Ａさんの相続人（配偶者Ｂさんと子Ｃさん，Ｄさん）から引き続き約定返済を受けるためには，どのように対応すればよいでしょうか。

実務対応

Ａさんの死亡日現在の住宅ローン元利金について共済金が支払われます。したがって，共済金が支払われる前に約定返済日が到来する場合は，返済口座から口座振替されないように支払停止措置をとります。

また，団信がない場合，遺言等がなければ住宅ローンは相続人Ｂ，Ｃ，Ｄさんが分割承継するため，ＪＡが承認する相続人に債務を引き受けてもらい，当該相続人に引き続き当初の約定どおり返済していただくことになります。なお，抵当不動産の債務者をＡさんから債務引受人に変更登記手続を行います。

●団信がある場合の取扱い

解説

団体信用生命共済（通称「団信」）は，住宅ローンの返済途中で死亡，高度障害になった場合に，本人に代わって共済金によって住宅ローン残高を支払うとい

19. 貸出先の死亡と貸出金の回収（団信がある場合とない場合）

〈団体信用生命共済の概要〉

共済金額：ＪＡからの被共済者の借入債務額と同額（１億円以内）
加入年齢：ローン実行時の年齢が20歳以上65歳以下，かつ最終返済時の年齢が満79歳以下
共済期間：債務を完済するまでの期間。ただし，被共済者の年齢が80歳に達した日の属する月の末日か共済責任開始日から35年を経過することとなった日の属する月の末日
共済掛金：ＪＡが負担
共済金の支払：共済期間に次の事由に該当したとき，支払事由発生時における共済金額を債務残高に充当する。
 １．被共済者が死亡したとき
 ２．被共済者が，団体信用生命共済加入後，発生した疾病または傷害により第１級後遺症障害状態に該当したとき
共済金が支払われない場合：被共済者が次のいずれかに該当した場合（　）内の共済金は支払われない。
 １．保障の開始日から１年以内に自殺されたとき（死亡共済金）
 ２．「団体信用生命共済被共済者加入申込書」に，告知日現在および過去の健康状態などについて事実を告げなかったか，事実でないことを告げ契約が解除されたとき（死亡共済金・後遺障害共済金）
 ３．被共済者の故意により後遺障害状態になられたとき（後遺障害共済金）
 ４．保障の開始日前の傷害または疾病が原因で後遺症障害状態になられたときまたは入院されたとき（後遺障害共済金）
 ５．共済契約について詐欺の行為があったとき（死亡共済金・後遺障害共済金）
※上記「共済金のお支払い」事由が戦争その他の変乱により生じた場合には，共済金の一部しか支払われないときがある。

うものです。

　民間金融機関の多くは，この団信の加入を住宅ローン借入の条件としています。この場合は，保険料は金融機関負担となり，債務者に保険料支払は発生しませんが，住宅ローンの金利に含まれている場合がほとんどです。

　ＪＡの住宅ローンも同様であり，原則として，以下の内容の団体信用生命共済に加入（親子リレー扱いの場合には親子とも加入）していただくことになっています。

　このような団信付の住宅ローン貸出先Ａさんが死亡した場合は，原則として，Ａさんの死亡日（死亡診断書等で確認）現在の住宅ローン元利金が共済金によって支払われることになっています。ただし，ＪＡが住宅ローンの元本のみの団信に加入していた場合は，死亡日現在の住宅ローン元本金のみが共済金によって支払われ，利息損害金についてはＡさんの相続人に請求する場合があるようです。

　また，Ａさんが死亡した後に，Ａさんの返済口座から約定返済がされた場合，死亡共済金は約定返済前のＡさんの死亡日現在の住宅ローン元利金が共済金として支払われるため，当該約定返済金は相続人に返還しなければなりません。したがって，共済金が支払われる前に約定返済日が到来する場合は，返済口座から口座振替されないように支払停止措置をとっておくべきでしょう。なお，このような措置により一時的に延滞状態となりますが，共済金が支払われたときに起算日（死亡日）扱いで完済したものとし，延滞利息等は徴求しない扱いが一般的です。

●団信がない場合の取扱い

　Ａさんに対する住宅ローンに団信が当初から付保されていない場合や，団信が支払われない事由に該当した場合は，Ａさんの相続人と相続した住宅ローンをどのように返済していただくかを交渉しなければなりません。

19. 貸出先の死亡と貸出金の回収（団信がある場合とない場合）

(1) 相続開始と債務の分割承継

　住宅ローン等の分割可能な貸出債権の場合，その債務者Ａさんの死亡により相続が開始すると，遺言がない場合は相続開始と同時に相続人Ｂ，Ｃ，Ｄさんが各法定相続割合に応じて分割承継します（最判昭和34・6・19民集13巻6号757頁）。たとえば，Ａさんの住宅ローン残高が2,000万円の場合は，Ｂさんは1,000万円，Ｃ，Ｄさんはそれぞれ500万円ずつ債務を分割承継します。

　なお，法定相続割合とは異なる遺言や遺産分割協議があったとしても，債権者であるＪＡはこれに応じる義務はなく，法定相続割合での分割債務を主張することができます（最判平成21・3・24金融・商事判例1331号42頁）。ただし，当該遺言や遺産分割協議の内容がＪＡにとって不利な内容ではなく承諾可能なものであれば，ＪＡが当該遺言等を承諾することにより住宅ローンの債務者が確定することになります。

(2) 免責的債務引受と重畳的債務引受

　Ａさんの住宅ローン債務が相続人Ｂ，Ｃ，Ｄさんに分割承継されたままでは，ローン返済等の手続をはじめ債権管理上の問題が生じます。そこで，これを解決する方法として，たとえば，ＪＡが承認する相続人Ｃさんが免責的債務引受人となる方法があります。これは，Ｃさんが他の相続人Ｂ，Ｄさんの相続債務を免責したうえで引き受けて，相続債務2,000万円全額の債務者となるものですが，免責されたＢ，Ｄさんには連帯保証人となっていただくようにします。

　また，Ｃさんが重畳的債務引受人となる方法もあります。これは，Ｃさんが他の相続人Ｂ，Ｄさんの相続債務を重畳的に引き受けて，相続債務2,000万円全額の債務者となるものですが，Ｂ，Ｄさんにはそれぞれ分割承継した債務が残り，当該各分割承継債務につきＣさんがＢさんまたはＤさんと連帯債務者の関係となるものです。さらに，相続人Ｂ，Ｃ，Ｄさんが相互に他の相続人の分割承継債務を重畳的に引き受ける方法もあります。これにより，相続債務2,000万円全額につきＢ，Ｃ，Ｄ

さんが連帯債務者の関係となります。

(3) 普通抵当権の変更登記手続

住宅ローンの抵当権が普通抵当権の場合，不動産登記簿上の債務者は被相続人であるＡさんとなっているので，これを債務引受人であるＣさんに変更登記しなければなりません。この場合の変更登記手続は，①「相続」を原因とする債務者の変更登記（相続人Ｂ，Ｃ，Ｄ全員が債務者となった旨の登記），②「債務引受」を原因とする免責的債務引受人Ｃを債務者とする債務者の変更登記，という順序で変更登記手続を行います。

(4) 根抵当権の変更登記手続

住宅ローンの抵当権が根抵当権の場合，当該根抵当権の元本が確定すると，その後の債務者の変更登記手続は，普通抵当権の場合と同様の手続となります。なお，根抵当権の元本の確定は，ＪＡと担保提供者との共同申請またはＪＡの請求によって根抵当権の元本を確定させるか，あるいは債務者Ａの死亡後６か月経過すると，相続開始時（Ａさんの死亡時）に遡って根抵当権の元本が確定します。

また，根抵当権の元本を確定させない場合は，Ａさんの死亡後６か月以内に，①「相続」を原因とする債務者の変更登記（相続人Ｂ，Ｃ，Ｄ全員が債務者となった旨の登記），②債務者を相続人Ｃさんとする合意の登記，を行わなければなりません（不動産登記法92条）。ただし，元本確定前に債務引受があった場合は，根抵当権者は引受債務につき根抵当権を行使できないので（民法398条の７），引受債務を根抵当権の被担保債権に追加登記しなければなりません。

20. 貯金・定期積金担保貸出先等の死亡

質問

組合員Aさんが死亡し、相続が開始しました。Aさんとの取引内容は、定期貯金担保貸出となっていますが、貸出期日がまもなく到来します。相続人はAさんの配偶者Bさんと子Cさん、Dさんとなっています。どのように対応すればよいでしょうか。

実務対応

相続人B，C，Dさんは、被相続人Aさんに属していた定期貯金債権（権利）と定期貯金担保借入債務（義務）について、法定相続分に応じて権利義務を分割承継し、質権設定契約における設定者としての地位についても承継します。

したがって、相続人B，C，Dさんによる単純承認のほか、相続放棄等のいずれの選択がなされたとしても、JAは、相続人あるいは相続財産管理人に対する質権実行や相殺等の権利行使により、貸付債権の回収を行うことができます。

被相続人Aさんの遺言により担保定期貯金が相続人Bさんやその他の第三者に相続させるとの遺言があった場合でも、JAは、質権実行により被担保債権を回収することができます。

第1編　相　続／第2章　融資取引と相続

●相続の開始と権利義務の承継

解説　相続はAさんの死亡によって開始し（民法882条），相続人B，C，Dさんは，相続開始の時から，被相続人に属したいっさいの権利義務（一身に専属していたものを除く）を承継します（同法896条）。

　また，相続人が数人ある場合において，相続財産中に金銭その他の可分債権（貯金債権など）があるときは，貯金債権などは相続開始と同時に法律上当然分割され共同相続人がその相続分に応じて権利を承継します（最判昭和29・4・8）。そして，遺産分割前の相続財産の共有（民法898条）は民法249条以下の「共有」と同じ性質と解されます。

　借入債務も当然に相続され，共同相続の場合は，借入債務も可分債務であることから法定相続分の割合により，各共同相続人に当然に分割承継されます（最判昭和34・6・19）。

　本事例の場合は，被相続人Aさんに属していた定期貯金債権（権利）と定期貯金担保借入債務（義務）について，相続人B，C，Dさんが法定相続分に応じて権利義務を分割承継し，質権設定契約における設定者としての地位についても承継します。

●単純承認・限定承認・相続放棄の選択と貸付金の回収

　相続人は，相続について単純承認するか限定承認するかあるいは相続放棄をするか否かを選択することが認められています（民法915条）。

　このうち，単純承認の場合は，相続人は無限に被相続人の権利義務を承継します（民法920条）。限定承認の場合は，共同相続人が全員で行わなければなりませんが（同法923条），相続人は相続によって得た積極財産（貯金等）の限度内でのみ被相続人の消極財産（借入債務等）を承継します（同法922条）。相続放棄の場合は，各相続人が単独で放棄できますが，放棄者ははじめから相続人ではなかったことになります（同法939条）。

　また，相続放棄の場合は他の相続人が貯金債権や借入債務を承継し，

すべての相続人が相続放棄を行って相続人不存在となった場合は，相続財産管理人がＡさんの相続財産を管理することになります（同法952条等）。

　以上のように，相続人Ｂ，Ｃ，Ｄさんにより単純承認や相続放棄等のいずれの選択がなされたとしても，ＪＡは，相続人あるいは相続財産管理人に対する質権実行や相殺等の権利行使により，貸付債権の回収を図ることができます。

●担保定期貯金が遺言により第三者等に遺贈された場合と貸付金の回収
　相続による承継は包括承継とされ，被相続人の有していた権利義務は相続人にそのまま当然に承継されるため，相続人や包括受遺者に対する質権の対抗要件は，当事者間の対抗要件を満たせば足りるものと考えられます。したがって，確定日付がなくても貯金担保差入契約があれば，相続人や受遺者に質権を主張することができます。

　さらに，民法施行法5条1項3号は，私署証書の署名者中に死亡した者があるときは，その死亡の日から確定日付があるものとすると規定しているため，定期貯金に対する質権の効力は，確定日付がなくてもＡさんが死亡した時に第三者対抗要件が備わることになります。

　したがって，被相続人Ａさんの遺言により担保定期貯金が相続人Ｂさんやその他の第三者に相続させるとの遺言があった場合でも，ＪＡは，質権実行により被担保債権を回収することができます。

第1編 相　　続／第2章 融資取引と相続

¶ 相続放棄・限定承認

(1) 限定承認の活用

　相続については，承認と放棄の選択ができるようですが，その法的な性質はどのようなものですか。また，未成年者相続人は承認・放棄が自由にできますか。さらに一部だけの相続は可能ですか。

　「夫が死亡し時価90,000千円の土地建物等が主要財産でした。でも現在残高70,000千円の消費者金融からの消費貸借契約書が発見されました。このまま相続の単純承認をすると純負債20,000千円相当の債務者になりますが，何かいい方法はありませんか。」

　このような場合の対処法として"限定承認"があります。これは，相続人が相続により得た財産の限度の中で被相続人の債務・遺贈を弁済することを留保して行う"相続の承認形式"です（民法922条）。つまり，相続財産の一部だけを，承認・放棄することは許されない代わりに，プラス財産の範囲内でマイナス財産を相続することを認める制度です。

(2) 限定承認の法的性質

　相続人が限定承認しようとする場合は，その者が自己のために相続の開始があったことを知ったときから3か月以内に財産目録を調製しこれを家庭裁判所に提出し(民法924条)，限定承認する旨の申述をしなければなりません。

　相続人が数人いるときは，その全員の共同によってのみ限定承認が行えます（民法923条）。したがって，共同相続人の一部に単純承認をした者がある場合は，他の者にはもはや限定承認することはできません。これは清算手続の煩雑化防止目的です。なお，限定承認後に相続財産を隠匿するなど法定単純承認が起これば（同法921条），その者は，自分の相続分に応じただけの単純承認者としての責任を負うこととなります（同法937条）。

　共同相続人の1人が相続の放棄をした場合は，相続放棄者は相続開始時から相続人でなかったことになるので（民法939条），他の相続人が全員で家庭裁判所に限定承認の申述をすることになります。

21. 根抵当権の債務者が死亡した場合の対応方法

質問

ＪＡとの間で融資取引をしていた自営業者のＡさんが亡くなり，相続人は妻と，長男，次男の３人です。
長男は，20年前からＡさんの事業を手伝っており，Ａさんの事業を承継したいため，長男からＪＡに対し，Ａさんの借入金は自分が引き受けるので，他の相続人を債務者から外すことの依頼と今後の資金対応の申込がなされました。
ＪＡでは，Ａさん所有の不動産に根抵当権の設定を受けＡさんへの貸付金を担保してきましたが，どうすればＡさんへの貸付金と今後の長男への貸付金を根抵当権で担保できるでしょうか。

実務対応

ＪＡは，Ａさんが担保提供していた根抵当権設定の不動産で，Ａさんへの貸付金および今後発生する長男への貸付金を担保する場合，根抵当権設定者との間で根抵当権の変更登記を行う必要があります。
　まず，根抵当権設定物件は根抵当権の債務者でもあるＡさん所有のため，Ａさんが遺言を残してない場合は全相続人で遺産分割協議を行い，相続取得者を決め相続を原因とする所有権移転登記をしてもらいます。
　次に，相続取得者とＪＡとの共同申請により，根抵当権の債務者をＡさんから相続人全員の名前に変更すると同時に，相続人の中の１人を債務者とする合意の登記を行います。

なお、この合意の登記は根抵当権の債務者が死亡してから6か月以内に行わないと、根抵当権で担保される元本（金）が債務者死亡時に確定するため注意が必要です。

さらに、長男の債務引受による債権を根抵当権で担保させる必要があり、根抵当権の被担保債権の範囲に債務引受による債権を追加する旨の登記を行います。

●根抵当権の債務者死亡による根抵当権の元本確定

解説 抵当権の債務者が死亡した場合、根抵当権の債権者が債務者の死亡を知っているか否かに関係なく、根抵当権について何もしないで債務者死亡から6か月が経過すれば、根抵当権の元本は債務者死亡時に確定します（民法398条の8第4項）。

債務者の後継者がいなく根抵当権を利用しない場合は、そのまま根抵当権の元本が確定しても、債務者死亡時の貸付金等については当該根抵当権で担保されるため、何ら問題はありません。

なお、死亡者が根抵当権の債務者ではなく単なる物上保証人の場合は、根抵当権の元本確定事由とはならず元本は確定しません。

●根抵当権を確定させないための「合意」の登記

根抵当権の債務者が死亡後、6か月以内に指定債務者の合意の登記をしない場合は、根抵当権の担保すべき元本は相続開始時に確定することになります（民法398条の8第2項・4項）。

相続人は、自己のために相続の開始があったことを知った時から3か月以内に、相続を承認または放棄をするかを選択しなければなりません。そのため、相続財産について必要な調査をする権利を有しています（民法915条2項）。

まず、根抵当権設定不動産について相続登記、次に、根抵当権の債務者を相続人3人とする変更登記、さらに、相続人3人の中から1人を今

後の債務者とする合意の登記を，債務者が死亡してから6か月以内に行わなければなりません。

●合意の登記により担保される債務

　元本の確定前に債務者について相続が開始した場合，相続開始時に存在する債務は，当然に根抵当権で担保されます（民法398条の8第2項前段）。しかし，根抵当権の債務者について相続が開始した後に相続人が根抵当権者に対して負担する債務は，当然に根抵当権では担保されません。

　これを担保させると同時に根抵当権の元本を確定させない方法が，根抵当権者と根抵当権設定者との間でなされる指定債務者の「合意」および「合意」の登記です（民法398条の8第2項後段）。

　指定債務者の合意の登記により当該根抵当権は，債務者の相続人が承継した債務と指定債務者が相続開始後に負担する債務を担保することになります。

●合意の登記の方法

　合意の登記は，担保不動産の所有者について相続登記および根抵当権の債務者の相続による変更登記の後でなければできません（不動産登記法92条）。

　合意の当事者は，根抵当権者と根抵当権設定者であり，指定債務者は当事者ではありませんが，金融実務上は根抵当権変更契約証書に署名捺印しています。また，指定債務者は根抵当権の債務者の相続人に限定され，他の者はなれません。

　この合意の登記は，後順位抵当権者やその他の第三者の承諾は不要です（民法398条の8第3項・398条の4第2項）。

　なお，相続による根抵当権の債務者変更登記後，合意の登記をするまでの間に，他の事由で元本が確定した場合でも，相続開始後6か月以内であれば「合意」の登記をすることができ，相続から確定までの相続人の債務は根抵当権で担保されることになります。

相続開始後6か月以内に合意の登記をしないで，6か月以内に債務者変更の登記をした場合，根抵当権は相続開始時に元本が確定したものとされ（民法398条の8第4項），相続開始後に発生した変更後の債務者との間で発生した債権は担保されないことになるので（東京地判昭和60・12・20），注意が必要です。

●指定債務者の債務以外の債務を担保させる方法

指定債務者は債務者の相続人でなければならず，相続人以外の者を債務者にする場合は，指定債務者の合意の登記後，債務者を変更する必要があります。相続人が1人の場合も合意の登記が必要です。

指定債務者の合意の登記で登記される債務者は1人であり，相続人2人の債務を担保する場合は，1人について合意の登記をし，その後もう1人を債務者に加える債務者変更登記をすることになります。

●債務引受にかかる債務は根抵当権で当然に担保されるか

元本確定前に債務引受がなされた場合，根抵当権の元本確定前の随伴性否定から，相続開始時に根抵当権で担保されていた債務であっても，債務引受による債務は根抵当権の被担保債権から外れます（民法398条の7第2項）。債務引受をした場合，債務引受をした債務は担保されませんが，相続人全員の相続発生時に負担していた債務は担保されます。

この債務引受による債務を担保させるには，根抵当権の被担保債権の範囲に「年　月　日　債務引受（旧債務者○○○○，△△△△）にかかる債権」を追加する旨の変更登記を行う必要があります（民法398条の4）。

指定債務者の債務は，相続開始後に負担する債務のみが担保され，相続開始前に負担している債務は担保されません（民法398条の8第2項）。指定債務者の相続開始前の債務を担保するには，根抵当権の被担保債権の範囲に特色の債務として追加する旨の変更登記を行う必要があります。

21. 根抵当権の債務者が死亡した場合の対応方法

●**債務引受にかかる債務に保証人がいる場合**

　貸付金等について免責的債務引受が行われた場合，従来の債務者は免責され，引受人のみが債務を負担することから，引受人の資力が保証人の責任に重大な影響を及ぼすため，保証債務は消滅するものと解されており（大判大正11・3・1），保証人の同意が必要となります。

22. 連帯債務者の1人が死亡した場合の対応方法

質問

JAでは，Aさんから賃貸マンション建設資金の申込を受けましたが，当該マンションに抵当権の設定を受けるほか，Aさんが高齢であることから長男との連帯債務で融資をしました。

その後，Aさんが亡くなり，Aさんの相続人は妻と，長男および長女の3人です。

長男からJAに対し，遺産分割協議の結果，融資対象のマンションは私が相続することになったので，Aの借入金も私が相続するので，他の相続人を債務関係から外して欲しい旨の申出がありました。

JAは，どのような対応をすればよいでしょうか。

実務対応

JAは，長男の返済能力を総合的に判断し，問題がなければ長男の申出を受け，長男を単独債務者とします。

他の相続人を債務者から免除するため，長男との間で他の相続人の債務を引き受ける免責的債務引受契約を締結します。

しかし，長男の返済能力に懸念がある場合，他の相続人が返済能力を有しているときは，長男を単独債務者，他の相続人を連帯保証人とする旨の話し合いを行います。

話し合いが合意に達したときは，免責的債務引受契約と同時に他の相続人を保証人とする契約を締結します。

なお，どうしても他の相続人が保証加入することに同意しないときは，長男が他の相続人の債務を引き受ける重畳的債務引受契約を締結し，他の相続人は法定相続分の債務者のままとします。
　また，賃貸マンションについて相続を原因とする長男への所有権移転登記を行い，設定登記済みの抵当権について上記の債務関係にもとづき抵当権の債務者変更登記を行います。

●連帯債務の法律関係

　連帯債務とは，数人の債務者が同じ内容の債務について，各自独立して全額の債務を負担しますが，債務者の1人が弁済すれば他の債務者も債務の負担を免れる関係をいいます（民法432条）。債権者は連帯債務者の1人または全員に対して，同時もしくは順次に，全部または一部の履行を請求でき（同法同条），連帯債務者の1人が債務全額を弁済すれば，他の連帯債務者の債務も消滅します。
　また，連帯債務は債務者の数に応じた数個の独立した債務であることから，各債務者の債務について独自に保証や担保を付けられますが（民法464条），通常は管理面を考え同一の内容にしています。
　さらに，連帯債務者の1人につき無効または取消しがなされても，他の債務者の債務の効力に影響がないことから（民法433条），判断能力を有するか疑われるような高齢者に対して貸付を行う場合，後継者を連帯債務者とします。

●連帯債務者の相続発生が及ぼす影響

　人が死亡した場合，死亡と同時に相続が発生し，被相続人が所有していたいっさいの権利義務は，被相続人の一身に専属したもの以外はすべて相続人に包括的に承継されます（民法896条）。
　そして，相続人が複数いる共同相続の場合は，各相続人は法定相続分に応じて債権・債務を承継し，分割することのできる債権・債務につい

ては，法定相続分に応じて当然に分割承継されます（最判昭和29・4・8，最判昭和34・6・19等）。

そのため，ＪＡからの借入金債務についても当然に法定相続人に分割承継され，遺言で法定相続分と違う内容が指定されていた場合は，相続人間では遺言どおりに相続することになります。しかし，債権者であるＪＡとの関係では，ＪＡが遺言による債務承継について承諾しない限り，法定相続分により債務を負担することになります（最判平成21・3・4）。

また，遺言がなく共同相続人間で遺産分割協議を行い，相続債務について法定相続分と違う内容で債務を承継することにした場合も，遺言の場合と同様に債権者の承諾がない限り遺産分割協議による承継を主張できません。

連帯債務者の１人が死亡した場合，共同相続人は相続債務全額ではなく，相続により各共同相続人が承継した分割債務について，他の連帯債務者と連帯債務の関係となります（最判昭和34・6・19）。

●債務引受契約の締結

ＪＡは法定相続分に応じて各共同相続人に債務の返済を請求するのではなく，プラスの財産を多く承継する相続人または返済能力を有する相続人に，自分が承継する以外の債務について債務引受をしてもらい，債務全体について債務者となる旨の債務引受契約を締結するようにします。

債務引受には，債務が同一性を失わないまま従来の債務者が債務関係から脱退して引受人のみが債務者となる「免責的債務引受」と，従来の債務者が脱退することなく引受人と同一内容の債務を負担する「重畳的債務引受」（連帯債務の関係となり「併存的債務引受」ともいう）があります。

管理の面からは「免責的債務引受契約」のほうが優れており，「免責的債務引受」をすることについて共同相続人全員の同意を得られる場

22. 連帯債務者の1人が死亡した場合の対応方法

合，または，遺産分割協議でＪＡの債務を1人の相続人が承継することになっている場合は，「免責的債務引受契約」（必要に応じ債務引受人以外の相続人を保証人とする）とします。

しかし，遺産分割協議書で1人の相続人が債務を相続することになっていなく，「免責的債務引受契約」をする相続人以外の共同相続人の同意がもらえない場合は，債務引受人との間で「重畳的債務引受契約」を締結することになります。

「重畳的債務引受」の場合は，債務引受契約により債務者が追加されることから，従来の債務者の債務は何もしなくても抵当権によって担保されますが，債務引受人の債務も担保させる場合は債務者変更登記を行います。

「免責的債務引受契約」の場合は，債務引受契約による債務引受人の債務を担保させることになるので，債務者変更の登記が必要となります。

なお，保証人がいる場合は，「免責的債務引受」のときは，保証人の同意が必要となります（大判大正11・3・11）。

●連帯債務貸付の管理上の留意点

連帯債務による貸付の場合，連帯債務者の1人に貸付金全額を請求できるため，債権者としては単独貸付より強力な貸付と思われがちですが，連帯債務者の1人について生じた事由のうち，次の事項は他の債務者の債務に影響を及ぼしますが，それ以外の事項は及ばないことになります（民法440条）。

ア．履行の請求，イ．更改，ウ．相殺，エ．免除，オ．弁済・代物弁済，カ．供託，キ．混同，ク．時効の完成

そのため，主たる債務者に対する裁判上の履行の請求等による時効中断の効力は連帯保証人に及びますが（民法457条），連帯債務では連帯債務者の1人に対する時効の中断は，裁判上の履行の請求を除いて他の債務者に対して効力を及ぼさないので，時効を中断させる場合には連帯債

103

務者全員に対して時効中断の手続をとらなければなりません。

　また，連帯保証の場合には保証債務を免除しても主たる債務に影響が及びませんが，連帯債務では連帯債務者の1人に対して債務を免除すれば，連帯債務者間では相互に負担部分があることから，免除を受けた債務者の負担部分について他の債務者も債務を免れることになります。

　以上から，連帯債務においては，債権者は債務者全員を相手としなければならないケースが多く，貸付金の管理上非常に注意が必要となります。

22．連帯債務者の1人が死亡した場合の対応方法

¶ 貸出金があるときは遺産分割協議に注意！

　賃貸マンション建設資金貸出先が亡くなり，相続人から遺産分割協議書の提出を受け，遺産分割協議書の内容を確認したところ，賃貸マンションとＪＡの相続貯金全部を長男が相続し，借入金についての記載がなされていませんでした。
　ＪＡの賃貸マンション建設資金の借入金について長男に話を聞くと，借入金は遺産分割協議の対象とならず法定相続されることから，遺産分割協議書には記載しなかったとのことでした。
　確かに，借入金については法定相続となりますが，プラスの財産を1人の相続人が相続取得した場合，プラスの財産を相続しない他の相続人からの借入金の回収について懸念が生じることがあります。他の相続人が相続財産以外に財産を所有しているなど返済能力十分であればよいですが，そうでないときは問題となります。
　私は長男に対し，ＪＡの賃貸マンション建設資金の借入金について，他の相続人の相続債務について債務引受を依頼したところ，そのつもりでいたとの返事をもらい，ホッと胸を撫で下ろしました。
　最高裁平成11年6月11日判決が，遺産分割協議が詐害行為取消の対象となりうる旨の判断を示していますので，長男が債務引受に応じてくれないときは，債権者を害する目的で遺産分割協議を行ったとして，詐害行為取消権の行使を検討すべきと思われます。

105

23. 連帯保証人の1人が死亡した場合の対応方法

質問

JAでは，医療法人に対し，融資対象物件である病院に担保権の設定を受け，医療法人の役員が連帯保証人となり，病院建設資金等を融資していました。
今般，連帯保証人である融資先の役員の1人が亡くなった旨の連絡がJAに入りました。
この場合，JAはどのような対応をすればよいでしょうか。

実務対応

JAは，連帯保証人が亡くなった場合，まず，保証契約が特定の債務についての保証なのか，それとも，不特定の債務を保証する根保証なのか，保証契約の内容を確認する必要があります。

金銭消費貸借契約証書に連帯保証人と記載している場合は，特定債務の保証として，共同相続人は法定相続分に応じて保証債務を相続することになります。

また，特定の証書貸付金ではなく，法人が借入れする債務全部について連帯保証する根保証契約を締結（保証書を差入）していた場合は，根保証人が亡くなったときは主たる債務について元本（金）が確定するため，相続人は相続発生時の保証債務について相続します。しかし，相続開始後に発生する新たな債務（既発生の被保証債務の元金に付帯して発生する利息・損害金を除く）については，保証責任を負わないことになります。

以上から，特定債務の保証の場合は，各相続人の資力を考慮し，相続

人の中で資力のある人に保証加入または他の相続人の保証債務を引き受けてもらうか，新たな第三者を保証人とするかを検討することになります。

しかし，根保証の場合は今後の貸付金を保証してもらうため，新たな根保証人加入手続を行うことになります。

●保証債務の相続

解説 人が死亡した場合，その人の一身専属的なものを除き財産上の権利・義務は，包括的に相続人に承継され（民法896条），保証人が亡くなったときも同様に，相続人は法定相続分に応じた保証債務を相続することになります（大判昭和5・12・4）。

遺言で相続分の指定がなされていた場合，相続人の間では遺言の指定どおりの効力が生じますが，相続人は債務について指定相続分を債権者に主張することができません（最判平成21・3・24）。

また，法定相続分と異なる遺産分割協議を行った場合も，相続人は遺産分割協議にもとづく債務を債権者に主張することができません。

●特定債務の保証人が死亡した場合の対応方法

金銭消費貸借契約証書に保証人として署名捺印した場合は，金銭消費貸借契約証書に記載の金額について保証しており，特定債務の保証となります。

特定債務の保証の場合，相続人が数名いる共同相続のときは，各相続人は法定相続分に応じて保証債務を負います。そのため，債権者は保証人の相続人に対し，各法定相続分に応じた金額しか請求できません。

相続人が保証能力を有していない場合は，その相続人から回収することができなくなります。このような場合，相続人の中に保証債務全額について保証能力を有する相続人がいるときは，その相続人に保証債務全額の保証人になってもらうよう交渉します。

保証債務全額について保証してもらえることになった場合は，他の相続人の保証債務について免責的債務引受契約を締結する方法がありますが，新たに保証加入してもらうほうがよいと思われます。

●従来の根保証人が死亡した場合の考え方

　法人の役員は，主たる債務者である病院の今後の経営上必要となる設備資金や運転資金等のいっさいの借入金について，役員として責任を負うために保証する場合があります。

　このように特定の債務ではなく，主たる債務者が債権者との間で継続的に発生する不特定の債務について保証することを根保証といいます。

　根保証人が死亡した場合，相続人はどのような保証責任を負うのかを考える必要があります。なぜなら，根保証契約は主たる債務者と根保証人との信頼関係を基礎においているため，根保証人が生きている間は保証していることに間違いありませんが，亡くなった場合に相続人は何を相続するのかが問題となるからです。

　根保証人が死亡した場合，死亡時点の債務について保証責任を負うことになっています（大判昭和6・10・21）。

　しかし，根保証人死亡後に発生する債務については，根保証契約の形態（保証の極度額，期間，範囲等の定めの有無）により，次のように根保証人の相続人が保証責任を負う場合と負わない場合に分かれていました。

　保証極度額と保証期間の定めがない包括根保証の場合は，根保証契約の相続性が否定され，相続開始後に発生する債務について保証責任を負いませんが（最判昭和37・11・9），保証極度額の定めがある場合は根保証契約を相続するため保証責任を負うことになります（大判昭和10・3・22）。

●民法改正後の根保証人が死亡した場合の考え方

　保証人保護の観点から民法が平成17年4月1日改正施行され（民法446条2項・3項・465条の2〜465条の5の追加），貸付金等の根保証人

23. 連帯保証人の1人が死亡した場合の対応方法

が死亡したときには，主たる債務の元本が確定し，根保証人の相続人は死亡後に新たな保証債務を負わない旨が規定されました（民法465条の4第3号）。

以上から，現在では，根保証人が死亡した場合，根保証人の相続人は根保証人死亡時点の債務について，極度額を限度に保証債務を負うことになり，相続人が数名の共同相続の場合は，相続人は法定相続分に応じた保証債務を負うことになります。

●根保証人が死亡した場合の対応方法

貸付金等の根保証人が死亡した場合は，その時点で保証している主たる債務の元本（金）が確定するため，当座貸越取引を行っているときは以後の貸越金が無保証となることから，すぐに根保証人追加の手続を行う必要があります。

また，ＪＡでは，従来から根保証契約用の保証書には保証極度額を記載することになっていたため，民法改正前までは根保証人が死亡しても相続人が死亡後に発生する貸付金を保証することになっていました。しかし，現在では根保証人死亡後に発生する貸付金等については，保証されなくなったため特に注意が必要です。

●他に連帯保証人や物上保証人がいる場合の対応方法

連帯保証（以下，特定保証，根保証の両者をいう）人の死亡に伴い，保証加入などにより相続人の保証債務を免除する場合，他に連帯保証人や物上保証人がいるときには，免除することについてその人たちの同意が必要となります。

109

第1編　相　　続／第2章　融資取引と相続

¶　保証人がいればこそ！

　自営業のAさんに，息子の進学資金として叔父さんを保証人として融資を行い，息子のBさんは大学を卒業して就職し，都会で暮らしていました。Aさんは，延滞もなく進学資金を返済していましたが，急に亡くなりました。
　私は息子のBさんに対し，Aさんが借りていた進学資金について話をしたところ，「JAは連帯保証人の叔父さんに請求したのか。連帯保証人は債務者と同じ立場であり，私は相続人のため3か月以内に相続放棄することができ，相続放棄をしたら債務者ではなくなる。債務者になるかわからない人間に話をするより，責任のある連帯保証人に請求したらどうか。JAは，法律を知っているのか。もっと勉強すべきだ。」と罵声を浴びせられました。私は，予想外の言葉に頭に血が上ると同時に情けない気持ちになりましたが，ぐっと堪え電話を置きました。
　そして，その内容を叔父さんに話しました。叔父さんは，「あの馬鹿者め。誰のお蔭で大学まで出られたのか。情けない。私からBに言い聞かせます。」と言われました。
　実のところ，この貸付金はAさんの返済能力からすれば融資をするのは難しい状態でしたが，保証人の叔父さんは保証能力十分のため，保証人を当てに融資したようなものでした。
　その後，Bさんから約定どおり返済され，全額返済が終わったときに，Bさんから私に電話が入り，「長い間本当にありがとうございました。今日私があるのもJAのお蔭です。」と言われ，私はこの進学資金を融資して良かった，と心から思いました。
　最近は担保・保証に頼らない融資をするように言われていますが，この貸付金は，まさに保証人がいたからこそ行われたもので，保証人様さまの融資担当者冥利に尽きる貸付金であったと思います。

24. 根保証人が死亡した場合の対応方法

質問

　ＪＡでは，自己の農場で生産した野菜を主体にレストランを経営している組合員のＡさんに対し，後継者である長男のＢさんとサラリーマンをしている弟のＣさんを保証人として，レストラン建設資金および運転資金の対応をしていました。

　今般，ＡさんのＪＡからの証書貸付金および当座貸越金を保証するため極度額8,000万円の保証書をＪＡに差し入れていた保証人のＣさんが亡くなりました。

　Ａさんは運転資金が不足した場合，当座貸越により対応していますが，ＪＡはどのような対応をすればよいでしょうか。

実務対応

　ＪＡが融資対応するに際し，住宅ローンのような特定の貸付金だけではなく，今後発生する不特定の貸付金を保証してもらう場合は，保証人との間で特定保証ではなく根保証契約を締結します。

　この根保証契約は，平成17年４月１日改正施行の民法で規定された貸金等根保証契約に該当するため，根保証人が死亡した場合，保証している主たる債務の元本（金）が確定することとなるので，根保証人死亡後の主たる債務者に対する貸付金について，根保証人の相続人は保証責任を負わないことになります。

　そのため，当座貸越を行っていることから，ＪＡでは債務者であるＡさんに対し，早急にＣさんと同等以上の保証能力のある根保証人を要求

111

し，新根保証人との間で根保証契約を締結する必要があります。

●特定保証と根保証

解説　住宅ローンを保証する場合，保証人は金銭消費貸借契約証書の連帯保証人欄に署名捺印しますが，このように住宅ローンという特定の貸付金を保証することを特定保証といいます。

これに対し，貸付先が商売を行っているような場合，反復継続的に資金が必要となり，このように反復継続的に発生する不特定の貸付金を保証することを根保証といいます。

●極度額の定めのない貸金等根保証契約は無効

平成17年4月1日改正施行により追加された民法465条の2第1項では，「一定の範囲に属する不特定の債務を主たる債務とする保証契約（以下「根保証契約」という。）であって，その範囲に金銭の貸渡し又は手形の割引を受けることによって負担する債務（以下「貸金等債務」という。）が含まれるもの（保証人が法人であるものを除く。以下「貸金等根保証契約」という。）の保証人は，主たる債務の元本，主たる債務に関する利息，違約金，損害賠償その他その債務に従たるすべてのもの及びその保証債務について約定された違約金又は損害賠償の額について，その全部に係る極度額を限度として，その履行をする責任を負う。」と規定されています。

また，同条2項では，「貸金等根保証契約は，前項に規定する極度額を定めなければ，その効力を生じない。」とも規定されています。

つまり，貸金（金融実務では一般に「貸付金」という）を含む不特定の債務について，個人が保証契約を締結する場合は，責任を負う限度を決めないときは無効となる，というものです。

そのため，売買代金（購買未収金）だけのために売買基本契約書などで根保証人となっている場合は，貸金等根保証契約には該当しません

が，保証人保護の観点から民法が改正された趣旨を踏まえ，極度額の定めのある根保証契約としたほうがよいと考えます。

●根保証契約である保証書の内容

当座貸越金は貸付金の一種であり，当座貸越金を保証してもらう場合は，根保証契約である保証書の差入れを受けます。保証書には，当座貸越元金を基本として，利息および損害金を含んだ金額を極度額として記載をすることになっています。

また，当座貸越金だけでなく，他の証書貸付金等を含んだ金額を保証してもらう場合は，保証書に保証人が保証責任を負う金額を記載してもらうことになります。

民法改正により，根保証人の保証期間を限定するため，元本確定期日が設けられ，最長で5年間，5年を超える期間を設けた場合は元本確定期日の定めのない契約となり，元本確定期日を定めなかった場合は3年間とされることとなったことから（民法465条の3），保証書には元本確定期日の欄が設けられ，5年以内の期日を記載することになります。

●貸金等根保証契約の元本確定事由

元本確定期日が定められている場合と否とにかかわらず，以下の事由が生じた場合，保証の対象となる主債務の元本が確定することになります（民法465条の4）。

ア．保証契約における債権者が，主たる債務者または保証人の財産に対し，金銭の支払を目的とする債権についての強制執行または担保権の実行を申し立てたとき。ただし，実行の手続開始があったときに限る。

イ．主たる債務者または保証人が破産手続開始の決定を受けたとき。

ウ．主たる債務者または保証人が死亡したとき。

●根保証人の相続人が負う責任の範囲

根保証人の死亡により元本確定事由が生じた場合，根保証人の相続人が負う責任の範囲は以下のとおりとなります。

113

根保証人が死亡した時点での保証の対象となっている主たる債務者への貸付金等の元本，利息および損害金等について，極度額まで保証責任を負うことになります。

根保証人が死亡した後に発生した貸付金等については，根保証人の相続人は責任を負わないことになります。

以上から，ＪＡとしては貸付金等の根保証人が死亡した場合は，以後の貸付金等については保証されないことになるので，根保証人の管理に注意しなければなりません。

●根保証人の１人の死亡と元本確定

根保証人が死亡した場合，根保証人が保証している主たる債務についての元本が確定します（民法465条の４第４号）。

数人で保証している場合，その中の１人が死亡したときに，死亡した以外の保証人の保証している主たる債務について，元本が確定するかという問題があります。

同じようなケースとして，共同根抵当権の場合は根抵当物件の１つに差押えがなされた場合，根抵当権全部について元本が確定します。

しかし，貸金等根保証契約について，根抵当権の元本が確定する条項を準用する条文がないことから，該当の根保証人についてのみ主たる債務について元本が確定すると解されます。

25. 貸付留保金勘定に残高がある状態での借入者の死亡

質問

住宅ローンの融資を行った借入者が死亡しました。住宅は既に着工していますが未完成です。住宅ローンは，その一部が建築費の一部に充てられていますが，他は貸付留保金勘定に留保されています。
ＪＡはどのように対応すべきでしょうか。

実務対応

住宅ローンの融資にあたってＪＡは必ず団体信用生命共済（以下，「団信」という）を契約しているので，借入者死亡の際は団信の共済金を請求して住宅ローンの返済に充てます。

一方，貸付留保金勘定の残金は金銭債権として相続されることになりますが，通常の貯金等とは異なり住宅建築費に充てるための資金ですから，建築途中の住宅を相続する相続人に住宅建築費に充当することを前提に払い出すのが原則です。なお，処理にあたっては相続人全員の同意を得ておくべきでしょう。

なお，団信の共済金だけでは一部利息等が未払いになる可能性があるので，貸付留保金の払出しの際には忘れずに回収するようにします。

解説

●貸付留保金勘定は通常の貯金とは異なる

貸付留保金勘定とは，貸出実行代り金を一時ＪＡに留保するための特別な預り金勘定です。貸付留保金勘定を用いる場合には，借入者がＪＡに「念証」を提出

する扱いとされており，この「念証」には，払戻請求の際に用いる印鑑の届出と約款に従う旨が記載されています。約款には，貸付留保金は借入者の請求によって払い出すが，その際ＪＡが「貸出対象事業の進捗状況，担保権の設定登記手続の完了状況および債務者の資金所要状況等を勘案し，適当と認める範囲において払出しに応ずる」旨が定められています。このように，貸付留保金勘定は通常の貯金とは異なり，住宅ローン等の貸出取引に付随した貸出対象事業（本事例では，住宅の建築）と密接な関連を有する預り金です。

また，貸付留保金勘定に貸出実行代り金を留保している間に，借主に期限の利益の喪失の事由が生じ期限の利益を喪失した場合には，貸付留保金払戻債務と貸出金とを相殺する等して回収に充てることが予定されています。

●住宅ローン借入者が死亡等の場合には団信の共済金で回収が前提

ところで，ＪＡが用いている住宅ローンの約定書には借入者の死亡は期限の利益の喪失事由とはされておらず，一方，住宅ローンの借入者を被保険者とする団信を必ず契約することとされ，ＪＡが団信の共済金を受領した場合にはその範囲で期限の利益を喪失し，団信の共済金を貸付金債務に充当できる旨定められています。このように，ＪＡが融資する住宅ローンでは，借入者が死亡等の場合には団信の共済金で回収することが前提となっています。

したがって，本質問の事例でも借入者死亡の時点で団信の共済金を請求しこれを貸出金に充当して回収することになるでしょう。なお，団信の共済金だけでは繰上償還利息などの利息に不足することがあるので，その分は相続人から回収しなければなりません。

●貸付留保金は分割承継されず遺産分割の対象となる

また，貸付留保金払戻請求権は金銭債権ですが，上述のとおり貸出対象事業である住宅建築と密接に関連した特殊な預り金であることから，通常の貯金と異なり相続人に相続分に応じて分割されることなく相続財

25．貸付留保金勘定に残高がある状態での借入者の死亡

産として遺産分割の対象となると思われます（最判平成22・10・8銀行法務21・727号52頁参照）。さらに，資金使途が住宅建築であることを考えれば建築途中の住宅と同一の相続人が相続すべきものと考えられます。

　以上のことから，貸付留保金勘定は，建築途中の住宅と同一の相続人が相続するのを原則とし，その払出しは，相続人全員の同意を得たうえで，貸付留保金勘定を相続した相続人の払戻請求にもとづき，住宅建築費用に充当することを前提に行うのが原則でしょう。

　なお，団信が契約されていなかったり団信の共済金が支払われない場合には，単に借入者が死亡しただけではその住宅ローンの期限の利益を喪失させることはできないので，相続人と住宅ローンの取扱いを協議し，その中で貸付留保金勘定の扱いも決める必要があるでしょう。

第3章 その他信用事業取引と相続

26. 貸金庫取引先の死亡

質問

貸金庫契約者Aさんが死亡し、相続人は配偶者Bさんと子Cさんとなっています。Bさんは貸金庫契約者の代理人となっており、Bさんから貸金庫の開庫の依頼がありました。
どのように対応すべきでしょうか。

実務対応

Bさんの代理権が商行為の委任による代理権ではない場合は、Aさんの死亡と同時に代理権が消滅するため、Bさんの開庫請求には原則として応じることはできません。ただし、相続財産の調査のための開庫請求の場合は法的には応じざるをえませんが、内容物が搬出されてしまうことも考えられるため、原則的な取扱いとしては、全相続人B、Cさんによる開庫依頼として応じるべきでしょう。

なお、相続人が貸金庫を継続使用する希望があった場合は、契約の承継ではなく、契約をいったん解約して新しい貸金庫契約を結ぶのが一般的な方法です。

●貸金庫契約の法的性質と相続

(1) 貸金庫契約の法的性質

解説 貸金庫契約の法的性質については，動産（内容物）の寄託契約か貸金庫の賃貸借契約か争いがありますが，通説は貸金庫の賃貸借契約と解しており，「貸金庫規定」は，格納場所の賃貸との見解に立って作成されています。その根拠は，①貸金庫の使用料が収納する物の種類・量に関係なく定額であること，②利用者が貸金庫の中に物を収納しなかった場合でも契約は成立し，かつ，内容物が取り出されても契約期間中は契約が存続すること等が挙げられます。

(2) 貸金庫契約の内容物の占有

貸金庫契約の内容物の占有について判例は，貸金庫が金融機関の管理する施設内に存在していること等から，貸金庫の内容物について金融機関の事実上の支配が及んでおり，金融機関は，内容物につき「自己のためにする意思」をもって貸金庫契約者と共同して民法上の占有を有するとしています。ただし，この金融機関の占有は，個々の内容物について成立するものではなく，貸金庫の内容物全体につき「一個の包括的な占有」として成立するとしています（最判平成11・11・29金融・商事判例1081号29頁）。

(3) 貸金庫契約の相続と内容物の相続

このような貸金庫の契約者について相続が開始した場合，賃貸借契約上の地位は相続人に承継され，相続人が複数存在するときは，貸金庫契約は各相続人が共同して相続し，遺産分割があるまでは，貸金庫契約上の権利や義務を共同相続人が共有する関係となります。相続の対象となる権利には，貸金庫使用権のほか内容物全体に対する「一個の包括的な占有」にもとづく内容物の一括引渡請求権があり，義務には賃借料の支払義務等があります。

ただし，貸金庫契約の相続人は，以上のような貸金庫契約にもとづく

権利義務のほか，内容物そのものも当然に相続することになります。また，この貸金庫使用権や内容物の一括引渡請求権には財産的価値はほとんど認められないため，財産的価値があると思われる内容物がどのように相続されるのかが相続人にとっての重要な問題となります。

●貸金庫契約の代理人との取引

　貸金庫契約者の代理人の代理権が民法上の委任契約にもとづくものである場合，委任者である貸金庫契約者の死亡により委任契約は当然に終了し（民法653条），当該代理権は契約者の死亡と同時に消滅します。ただし，商行為の委任による代理権の場合は，本人である契約者が死亡しても消滅しません（商法506条）。したがって，本事例の場合が商行為の委任による代理権ではない場合は，Bさんの代理権はAさんの死亡と同時に消滅しているため，Bさんの開庫請求には原則として応じることはできません。

　なお，JAが，貸金庫契約者の死亡を知らずに，相続人の一部または相続開始に伴う代理権消滅後の代理人（無権利者）に対して貸金庫の開庫に応じたとしても，JAの善意（契約者の死亡を知らないこと）につきJAに過失がない限り免責されます。しかし，JAが善意・無過失でない場合は，これによって生じた損害につきJAは免責されず，債務不履行あるいは不法行為による損害賠償責任を負うことがあります。

●貸金庫規定と相続に伴う契約解除，開庫請求等

　貸金庫規定では，一般に借主（貸金庫契約者）が死亡した場合，JAは貸金庫契約を解約できるものとしています（同規定10条2項2号）。そして，JAが貸金庫契約の相続人に対して解約通知をしたときは，相続人は直ちに貸金庫をJAに明け渡すものとしています。

　そこで，一般に貸金庫契約者が死亡した場合，JAは貸金庫契約を解約したうえで，内容物を全相続人の手で持ち出してもらうか，あるいは内容物自体を遺産分割や遺贈により承継した者に持ち出してもらうかの方法がとられます。また，貸金庫使用権等とその内容物が，分割の対象

としてはっきり明示されている遺産分割協議であれば，それに従った処理を行えばよいのですが，そうでない場合は，トラブルを避ける意味で，全相続人の同意のもとに対応すべきでしょう。

　また，一部の相続人からの開庫請求の場合には，内容物の持出しは認められませんが，内容物の内容を点検することは認めざるをえません。もともと相続人は各自相続財産の調査権を有していますので（民法915条2項），貸金庫の内容物についても調査の対象となります。その意味では法的にはBさんの申出には応じざるをえませんが，開庫すると搬出されてしまうことも考えられますので，対応としては，全相続人B，Cさんから開庫依頼を受けることが原則的な取扱いといえます。

　なお，相続人が貸金庫を継続使用する希望があった場合は，契約の承継ではなく，契約をいったん解約して新しい貸金庫契約を結ぶのが一般的な方法です。また，ＪＡは，必要があれば規定上の強制解約権を行使することができます。

27. 国債・投資信託契約者の死亡

質問 当JAと取引のあるAさんが死亡したと，Aさんの相続人から連絡を受けました。
Aさんは貯金のほか，国債や投資信託も保有しています。貯金の相続手続はこれまでにも何回か経験がありますが，国債や投資信託の契約者が死亡した場合の相続手続は，どのように対応したらいいのでしょうか。

実務対応 国債や投資信託の契約者の死亡を確認したら，直ちに事故注意情報登録を行います。国債も投資信託も貯金債権等と同様に財産上の権利であり，相続財産となります。

民法では，相続人が複数人いる場合，相続財産はその共有に属し，各共同相続人は，その相続分に応じて被相続人の権利義務を承継する，と規定していることから国債に関する相続人の権利も共有となります。

また，投資信託についても判例では，可分債権と解するのが相当であり，これを相続した者が複数人いる場合，その債権は法律上当然に分割され，各相続人がその相続分に応じて権利を承継し，単独で行使できる，とされています。したがって，相続人は，法定相続分に応じた受益証券の返還，解約金の支払請求をすることができることになります。

ただし，JAの実務としては，貯金債権が，紛争を避けるために，「合有説」にもとづき相続人全員に対する払戻手続を慣行としているのと同様に，国債や投資信託についても，満期時の償還や中途換金により

可分債権となるまでは，分割を前提とする手続は，原則として行いません。

●国債の取扱い

(1) 民法上の取扱い

国債にかかる債権（満期時における償還請求権や中途換金時における支払請求権等）は貯金債権と同様に財産上の権利であることから，相続財産の一部となります。

民法では，相続人が複数人いる場合，相続財産はその共有に属し（民法898条），各共同相続人は，その相続分に応じて被相続人の権利義務を承継する（同法899条），と規定していることから国債に関する相続人の権利も共有となります。

(2) 実務上の取扱い

貯金債権は，判例では「共有説」をとっているものの，ＪＡの実務上の取扱いとしては，分割協議が済むまでは，「合有説」にもとづき相続人全員に対する払戻手続を慣行としています。

相続人が2人以上いる場合，相続財産は，相続人各自が独立した持分を持ち，持分の処分・分割請求を可能とする「共有説」に対し，「合有説」は，相続人各自は独自の立場を持つが，全体の統制を受け，処分・分割請求はできないとする見解です。

「共有説」に従えば，共同相続人の1人が遺産分割協議前に，他の共同相続人の承諾なしに，相続貯金について自己の相続分に応じた金額の払戻しを求めてきた場合，それに応じてもよいことになりますが，実際には，遺言，遺言執行者の定め，遺産分割協議，相続放棄，相続欠格・廃除等，相続分に影響を及ぼす諸事情の確認が困難であり，紛争を避けるために，ＪＡとしては「合有説」にもとづき相続人全員に対して支払う方法を慣行としています。

国債についても同様に，この「合有説」にもとづくため，満期償還や

中途換金により可分債権とならない限り原則として支払には応じられません。また，可分債権となった場合であっても遺産分割協議前にあっては，相続人全員の承諾を得たうえで支払うことになります。

ただし，共同相続人間の遺産分割協議により当該国債の承継者が確定した場合にあっては，その者に名義変更することになります。

なお，個人向け国債については，「変動10年」ものは発行後1年以内，「固定5年」ものは発行後2年以内，「固定3年」ものは発行後1年以内の中途換金が原則としてできないこととなっていますが，相続により相続人が中途換金請求をする場合は可能です（平成24年4月16日から，すべてのタイプの個人向け国債は，発行から1年が経過すれば中途換金が可能）。

●投資信託の相続手続は各種約款にもとづいて行う

投資信託とは，投資家から集めた資金を1つにまとめ，運用の専門家が債券や株式等で運用し，その運用成果に応じて収益を分配するという金融商品です。各投資信託は，受益者の権利，その他の商品性等を定めた信託約款が作成されています。

また，販売業者が投資信託を顧客に販売する際，受益証券の寄託や買取りまたは解約請求の受付等にかかる取引約款が定められており，投資信託の相続手続については，その各種約款にもとづいて行われます。

(1) 相続にかかる判例

投資信託を相続した相続人の一部が受益証券を保管する証券会社に対して法定相続分に応じた受益証券の返還，解約金の支払等を請求した事案に関する大阪地方裁判所の判例（平成18・7・21）では，「証券会社の取引約款には，投資信託の受益証券を寄託した者は，混蔵保管する受益証券全体について寄託数量に応じた共有権（準共有権）を取得し，他の受益者らと協議せずに受益証券の返還を請求できるとの定めがあること，投資信託の買付単位は1口1円であり，1口単位で解約を請求できることから，本件投資信託にもとづく権利（受益証券返還請求権，一部

解約実行請求権，一部解約金返還請求権等）は，給付を分割することについての障害が除去されているから，可分債権と解するのが相当であり，これを相続した者が数人いる場合，その債権は法律上当然に分割され，各相続人がその相続分に応じて権利を承継し，単独で行使できる」と判示しています。したがって，投資信託についても「共有説」をとっています。

(2) 実務上の取扱い

ただし，実務上は，投資信託についても国債と同様に「合有説」にもとづくため，実務上の取扱いは国債に準じる取扱いとなります。したがって，遺産分割協議前は相続人全員の承諾を得たうえで支払うことを原則とし，分割協議により承継者が確定した場合には，その者に名義変更することになります。

(3) 相続手続にかかる徴求書類

相続手続にかかる一般的な徴求書類は次のとおりです。

① 死亡届
② 被相続人の戸籍（除籍）謄本（必要な場合，改正原戸籍）
③ 相続人全員の戸籍謄本
④ 相続人全員の印鑑証明書
⑤ 遺産分割協議書（作成している場合）
⑥ 遺言書（作成している場合）等

第4章　経済取引・出資の相続

28. 組合員の死亡と購買未収金の取扱い

質問

　正組合員であるＫさんの死亡により相続が開始しました。Ｋさんは生前に遺言書を作成しており，居住用土地建物ならびに生活用財産一式はＫさんの配偶者へ，農業用財産および貯金財産については，長男（Ｋさんとは非同居である団体職員）へそれぞれ相続させるとの遺言を残しています。なお，相続人は配偶者および長男の他に次男，三男がいますが，"本遺言に記載なき遺産については，○○に相続させる"との記載はされていませんでした。

　購買未収残金について相続人にお話しすると，「遺言書に記載されたとおり"相続完了済"であり，相続開始後11か月も経過して今頃になって購買未払いがあるといわれても支払うことはできない！」と言われ，農業相続人は長男と思われますが，「事前請求もないまま今まで何をしていた」となかなか支払につき承諾していただけません。なお，農協購買品売買基本約定書【別掲】はＫさんから差入を受けています。

実務対応

① 金融機関からの借入金・買掛金のような金銭債務は可分債務ですから，各相続人が相続分に従って分割承継されます。したがって，各相続人に対してそ

れぞれの相続分割合に応じた債務弁済を請求することになります。
② 被相続人の組合に対する債務の有無について関係部署に必ず確認を行います。
③ 死亡した組合員が組合に対して負っていた債務については、特定の相続人が相続することについて組合が承諾する場合は、相続人の相続環境等多面的に調査・検討し、その結果について相続人と協議・折衝していきます。
④ 持分払戻請求権を相続する相続人が確定している場合には、組合はその相続人に対し、持分払戻請求権と固定化未収金を相殺する旨の意思表示を行うことにより回収します。

●法定相続分に従って各相続人に支払請求できる

① 遺産について、被相続人は法定相続分と異なる相続分を指定することも可能であり（民法902条：遺言による相続分の指定）、また、相続開始後に相続人間の分割協議で法定相続分と異なる割合で相続財産を分割することもできます（同法907条：遺産分割協議）。しかし、その結果、資産と債務がアンバランスに相続人に承継されたりして、債権回収が事実上不可能になってしまうこともあります。そこで相続債権者（ＪＡ）の関与なくして相続債務を分割することの不利益を受けることは、公平に反することから、相続債務について遺言による法定相続分と異なる指定および遺産分割協議による法定相続分の変更は、相続債権者に対抗できないとされています。つまり、相続債権者は法定相続分に従って債務承継されたものとして各相続人に支払請求できるのです。

② 本件の遺言書には、購買代金未払いについて遺言書に記載されていないことについて詳解しましょう。遺言に記されていない財産は協議財産となり相続人で協議し債務相続人を決定できますが、この場合にあっても上記①と同様に分割協議結果により相続債権者の利益を損なう可

第1編　相　　続／第4章　経済取引・出資の相続

能性が存在することから，相続債権者の"承諾"が必要になります。
　③　借用債務（買掛金・未払金等）は可分債務ですから，相続開始と同時に共同相続人によってその相続分に応じ当然に分割承継されるのですが，相続債権者としてのＪＡは被相続人単独債務を複数の相続人に分割承継されると，事後管理（債権管理・回収等）面で多大な労費等必要とします。こうしたことから，共同相続人中の1人（本件にあっては農業用財産および貯金財産を相続した長男）に本件購買未収の全額を引き受けて貰う方法で折衝することが肝要です。
　④　本事例から，購買未収金支払請求については「今頃になって購買未払いがあるといわれても支払うことはできない」「事前請求もないまま今まで何をしていた」とあることから，被相続人から差し入れてある農協購買品売買基本約定書の各条項説明および納品書（兼）計算請求書（控）により詳細な説明を行うとともに，購買未収残高証明書発行依頼をしていただき同書を発行することが対処措置の前提でなければならないのです。

　　　　　　　　　　　●相続債務の承認と債務承継方法の検討
　現存債務の"債務引受"については，重畳的債務引受と免責的債務引受の2つの方法があります。それぞれの引受には一長一短がありますが，ここではこれらの特色を詳解しましょう。
　①　重畳的債務引受は，各相続人の承継債務を免責することなく，共同相続人中で弁済に十分耐えられる有力な相続人（本件にあっては長男）に自己の承継債務に加え他の相続人の承継債務を合わせて引受してもらうものです。この方法では，特徴的ポイントは次のとおりです。
　　ⅰ．債務引受人は他の相続人と重畳的に連帯し債務履行の責めを負うことになります。
　　ⅱ．債務者が連帯債務者の関係にあることから，ＪＡはそれぞれの債務者から弁済が受けられます。つまり，債権保全上は手厚い反面，連帯債務者の1人に債務免除あるいは時効完成といった後発事象や

128

28. 組合員の死亡と購買未収金の取扱い

第二次相続開始等といった点で債権管理上の諸リスクを内包しています。

② 免責的債務引受は，特定の相続人（本件にあっては長男）が本件相続債務の全額を引受，他の相続人は債務負担を免れるという契約構成をとるものです。この方法の特徴的ポイントは重畳的債務引当とは逆です。

　ⅰ．債務引受人を唯一の債務者とするもので主債務者として債務履行をしてもらい，債権回収は主債務者である債務承継人にのみ請求するわけで，この点からは回収管理は比較的簡単です。

　ⅱ．その反面，引受人以外の相続人には弁済請求することも，それらの者の固有財産に対する相続債権者としての請求権の執行もできません。

●債務承認と共同相続人への説明義務の履行

可分債務は法定相続人に当然に分割承継されるのですが，事後管理回収を順調にするには，相続人の理解が大前提です。相続債務引受契約締結には代表的な2つの方法がありますが，本件相続人の相続環境等多面的に調査・検討し，その結果について相続人と協議・折衝していくことが非常に大切です。

さらに，別掲の農協購買品売買基本約定書には，連帯保証人欄があり，免責的債務引受に際して，主債務者の契約債務内容に変化を生じることになることから，債務引受契約するにあたって免責となる相続人も第三者弁済との均衡維持の点から契約に参加することが大切です。

●農協購買品売買基本約定書

(1) 使用目的・使用基準

本件文書は，農協組合員が農業協同組合から，肥料・農薬・農機具等の物品を継続して購入する場合に作成する契約書であり，その購買代金を組合員の貯金口座から自動引落することを約する文書です。

農協購買品売買基本契約書

　　　　　（以下「買主」という）が　　　農業協同組合（以下「農協という」）より物品を購買するについてはこの約定にしたがう。
【本契約の基本契約制】
　この約定は，この契約の有効期間中，買主と農協両者間における一切の購買品売買につき共通に適用されるものとする。但し，個別契約においてこの約定に定める事項の一部若しくは全部の適用を排除し，またはこの約定と異なる事項を約定したときは個別契約による。
【売買目的】
　この契約に基づく売買の目的となる物品の範囲は，買主が農協より購入する一切の購買品とする。
【売買契約の成立】
　農協より売渡される物品の品名，数量，単価，引渡条件，その他売買につき必要な条件は，この約定に定めるもののほか，売買の都度両者間において別に定める。
　前項の売買は買主が農協から物品を受領したことによって成立するものとする。
【代金の支払】
　売買代金は，毎月末に締切り翌月25日までに現金又は貯金口座から支払う。
　売買代金のうち当農協が決済日を指定したものについては，指定月の25日までとし前項の売買代金に合算のうえ前項と同様の方法により支払う。
　前2項による貯金口座支払にあたり農協は買主の同貯金口座から所定の手続きを省略し決済しても買主は異議を申し立てないものとする。
【代金の利息】
　購買代金を前条に定める日に支払わなかった場合は，物品の引渡しを受けた日より当該代金を支払した日までの期間につき，年　％の割合で計算した利息を組合に支払うものとする。但し，利息計算サイトを定めた場合は，其の期間中の利息は支払わない。
【購買代金極度額】
　買主が組合より買掛することができる購買代金の極度額は金
円とし，この額に達した場合には組合が新たに購買品の供給を中止し，若し

28．組合員の死亡と購買未収金の取扱い

くは制限しても異議はないものとする。
【期限の利益の喪失】
　買主について，次の各号の事由が一つでも生じた場合には，組合から通知催告がなくてなくても組合に対する一切の債務について当然に期限の利益を失い，直ちに債務を弁済する。
１．買主又は保証人の組合に対する貯金その他の債権について仮差押，保全差し押さえ又は差し押さえの命令，通知化発送されたとき。
２．住所変更の届出を怠るなど買主の責めに帰すべき事由によって，組合に買主の所在が不明になったとき。
　次の各場合には，組合の請求によって組合に対する一切の債務の期限の利益を失い，直ちに債務を返済する。
１．買主について支払の停止又は破産，和議開始，会社更正手続き開始，会社整理開始若しくは特別清算開始の申し立てがあったとき。
２．買主が手形交換所の取引停止処分を受けたとき。
３．買主が債務の一部でも履行を遅滞したとき。
４．担保の目的物について差押または競売手続の開始があったとき。
５．買主が組合との各取引約定【＝上記第１条個別契約を含む】に違反したとき。
６．保証人が前項第２号または本項各号の一にでも該当したとき。
７．前各号のほか債務の保全を必要とする相当の事由が生じたとき。
【物品の任意処分】
　買主が引き渡し期日に物品を引き取らない等，契約の履行を怠った場合には，組合はいつでも其の物品を買主の計算において任意に処分のうえ，其の売得金をもって買主に対する損害賠償債権を一切の債権の弁済に充当し不足額あるときは，買主に請求することができるものとする。
【連帯保証】
　保証人はこの約定及び個別売買契約に関連し現に発生している，及び将来発生する一切の債務につき，買主と連帯して保証するものとする。

平成　　年　　月　　日
買　主　住　所
氏　　名＿＿＿＿＿＿＿＿＿＿＿印
連帯保証人　住　所
氏　　名＿＿＿＿＿＿＿＿＿＿＿印
　　　　　　　　　　　＿＿＿＿＿＿＿＿＿＿＿農業協同組合　御中

(2) 印紙税法上適用関係

本件文書は，印紙税法　別表第一　課税物件表　課税物件の適用に関する通則【通則】の３のイの規定により印紙税法　別表第一　課税物件表　第７号文書【継続的取引の基本となる契約書】に該当します。

ただし，本書の作成者がＪＡの出資者の場合には，営業者間での取引に該当しないので，「継続的取引の基本となる契約書」に該当せず，単なる物品の譲渡契約書【不課税文書】となります。

29. 組合員の死亡と出資の取扱い

質問
ＪＡの組合員が死亡しました。
出資はどのように取り扱われるのでしょうか。

実務対応　組合員が死亡した場合，その組合員はＪＡを脱退（組合員ではなくなる）し，出資は持分払戻請求権に変わり，相続財産となります。

　持分払戻請求権は，定款の定めに従って組合員が死亡した事業年度の期末のＪＡの財産状況に従って計算されて具体的な金額が確定しますので，その時点で相続人全員の合意によって特定の相続人に払い戻すのが原則です。なお，持分払戻請求権は貯金債権と同様の金銭債権ですから，死亡した組合員の相続人に相続分に応じて分割して相続されるものとして扱うこともできます。なお，死亡した組合員がＪＡに債務を負担している場合には，ＪＡは持分の払戻しを停止することができます（農業協同組合法26条）ので，債務の整理がつかないまま持分を払い戻すことがないように注意しなければなりません。

　また，死亡した組合員の相続人が，死亡した組合員が有していた持分の払戻請求権の全部を取得し，相続開始後60日以内にこのＪＡに加入申込を行い，ＪＡが承認した場合には，その相続人が死亡した組合員の持分を取得しＪＡに加入することになります（模範定款例16条）。なお，

この場合も死亡した組合員がＪＡに債務を負担していた場合には債務の弁済や相続による承継に関しＪＡと協議が整わない限り承認をしない扱いとなるでしょう。また，持分を相続し加入を申し込んだ相続人が組合員の資格を持たない場合は加入申込を受け付けることはできません。

●組合員の死亡により出資金は持分の払戻請求権に具体化される

解説 　組合員の死亡は，当然脱退事由（農業協同組合法22条1項2号）に該当し，当該組合員の組合員資格は失われ，出資金は持分の払戻請求権に具体化されることになります。持分の払戻請求権は，その事業年度末のＪＡの財産状況に従って定款の定めるところに従い金額が計算され，払い戻されることになります（農協法23条）。このため，持分の払戻金額が具体的に確定するのは組合員が死亡した事業年度の決算が確定した後ということになります。模範定款例の定めでは，持分の払戻金額は，「組合員のこの組合に対する出資額（その脱退した事業年度末時点の貸借対照表に計上された資産の総額から負債の総額を控除した額が出資の総額に満たないときは，当該出資額から当該満たない額を各組合員の出資額に応じて減額した額）を限度」として払い戻すこととされており（模範定款例20条），払戻額が組合員の出資した額を上回ることがないように規定されています。

●貸出債権と払戻請求権とを相殺することができる

また，死亡した組合員がＪＡに債務を負担している場合には，持分の払戻しを停止できること（農協法26条）に注意し，債務の整理ができない状態で持分が払い戻さないように注意しなければなりません。なお，相続開始時にＪＡが死亡した組合員に対し債権を有している場合には，その時点で当該債権が履行期になくても後日相殺適状になった時点でＪＡから当該債権と持分の払戻請求権を相殺することも可能と考えてよいでしょう（東京地判平成9・7・25金融・商事判例1037号54頁参照）。

この持分の払戻請求権は組合員の死亡によって具体的な金銭債権として行使できるようになるのですが，生命保険金等と異なり当該組合員の死亡により受取人が直接取得する債権ではありません。死亡した組合員の所有する財産であった出資持分に抽象的な権利として内在していた持分払戻請求権が組合員の死亡という事情によって具体的な金銭債権に代わったものです。したがって，死亡した組合員の財産として相続財産に含まれると考えてよいでしょう。

具体的な持分の払戻額が確定した場合には，この請求権は通常の金銭債権ですから，貯金の相続と同様，相続人全員の合意によって特定の相続人に払い戻すか，死亡した組合員の相続人に相続分に応じて分割して相続されるものとして扱うことになるでしょう。

●相続人は死亡した組合員に代わってＪＡに加入することもできる

ところで，死亡した組合員の相続人が，死亡した組合員が有していた持分の払戻請求権の全部を取得し，相続開始後60日以内にこのＪＡに加入申込を行い，ＪＡが承認した場合には，その相続人が死亡した組合員の持分を取得しＪＡに加入することになる旨の規定が模範定款例に置かれています（模範定款例16条）。死亡した組合員の相続人が死亡した組合員に代わってＪＡに加入しようとするときは，持分の払戻請求とは別に組合加入の手続を行い出資の払込義務を履行しなければならないのが原則です。この規定は，この不便を考慮して，模範定款例に置かれたものです。

●組合員の持分（組合員としての地位）が相続されるわけではない

同様の制度は中小企業等協同組合法にはありますが（同法16条1項前段），農業協同組合法にはありません。しかし，農協法が持分の譲渡を認めていることから定款で同様の規定を置くことは可能と解されています（明田作「農業協同組合法」（経済法令研究会）291頁）。この模範定款例の規定を根拠に死亡した組合員の持分（組合員としての地位）が相続されると理解することは誤りです。あくまで相続人が新たにＪＡへの

加入申込を行ったものとして取り扱う必要があります。もし，その相続人が地区外に居住するなど組合員（または準組合員）としての資格を欠く場合には，この申込を受け付けることはできないので注意しなければなりません。

第2編

高齢者取引

第1章 高齢者との貯金取引

1．第三者名義貯金の受入

質問

高齢の組合員Aさんから，遠方に住んでいるお孫さんのBさん名義の定期貯金を作りたいとの申出を受けました。また，Aさんから，Bさんが成人したときに贈与したいので，それまではBさんおよび家族には内緒にしたいと言われました。

このままBさん名義の定期貯金を受け入れてさしつかえないでしょうか。

実務対応

Aさんの申出の条件で貯金を受け入れると，Bさん名義の貯金はBさんが成人するまではAさんの貯金となるため，Aさんの借名貯金となってしまいます。このような借名貯金は，後日のトラブルの原因となりますので，受け入れるべきではありません。また，借名貯金ではなく，実は架空名義貯金の場合もあるので注意が必要です。

●借名貯金と架空名義貯金

解説

架空名義貯金とは，文字通り実在しない架空名義でする貯金ですから，受入金融機関が本人確認手続を遵守すれば，本人確認書類が精巧に偽造され発見できな

いような場合を除き，架空名義貯金が開設される余地はないはずです。

　本事例の場合，Ｂさん名義の定期貯金の届出住所地が，住民票等で確認できる実在のＢさんの住所地であれば，架空名義貯金ではなく借名貯金となります。しかし，Ｂさんやその家族に満期案内等が郵送されることを確実に防ぐため，届出住所地をＡさんの住所地とした場合は，借名貯金ではなく架空名義貯金となってしまいます。また，このような扱いをした場合は，本人確認手続にも不備があることになります。

●将来の貯金贈与と借名貯金

　これに対して，届出の住所地をＢさんの実在の住所地としてＢさん名義の定期貯金を開設した場合は，架空名義貯金ではなく，本人確認手続にも不備はなくなります。

　しかしながら，Ａさんは，Ｂさんが成人したときにＢさんに贈与すると言っていますので，それまではＡさんがＢさん名義で貯金していることになります。また，貯金者は誰かという貯金者の認定の問題となった場合，判例は貯金するつもりで出捐した者を貯金者としているため，ＡさんがＢさん名義の借名貯金を行っていることになります。

　このような借名貯金は，脱税などの犯罪に利用されるおそれがあるほか，結果としてＡさんの貯金が元本1,000万円を超えて保護されることになると，預金保険法にも違反することになります。その他，Ａさんが死亡した場合に，このＢ名義貯金が相続貯金なのかどうか判然としないなどのトラブルを招くおそれがあります。

●Ｂさん名義貯金の開設依頼と対応策

　たとえば，Ｂさんが成人する前にＡさんが死亡した場合，Ａさんの貯金なのかＢさんの貯金なのか，つまり真の貯金者は誰かという貯金者の認定の問題が発生します。このような場合，一般的には，Ｂさん名義貯金の通帳や届出印鑑を占有している者が貯金するつもりで出捐した者であり，真の貯金者と認定されることが多いと思われますが，Ａさんが通帳等を占有していたのであれば生前のＡさんの言動もあわせると，ＪＡ

としてはこの貯金は相続財産として扱うべきだともいえます。

　しかしながら，Ａさんの死亡後Ｂさんの両親がこの貯金の証書を見つけてＢさんの貯金だと主張することも予想され，この場合のＪＡの対応としては，相続人全員の承諾のほかＢさんの両親の同意がなければ対応できないことになってしまいます。

　以上のような事由から，このような貯金は受け入れるべきではありません。ＡさんがＢさんやその家族に内緒でＢさんが成人したときにＢさんに贈与したいのであれば，Ｂさんが成人するまではＡさん自身の名義で貯金していただくよう依頼すべきでしょう。

　なお，預入時に孫のＢさんに贈与する貯金として受け入れるのであれば，借名貯金ではなく預金保険法等にも違反しないので受入可能ですが，この場合は，Ｂさんの貯金であることを明確にするためにも，通帳や届出印鑑は，Ａさんではなく未成年者であるＢさんの親権者が，Ｂさんのために法定代理人として保管すべきでしょう。また，この場合は贈与税が課税されるおそれがあるので，税理士等に相談するよう助言が必要です。

2．言動の不自然な高齢者からの外貨貯金，投信受入

質問　証券販売担当のA職員は，店頭に現れた高齢の組合員Bさん（70歳・年金生活者）から，「満期が到来した定期貯金を解約しようと思っているが，外貨とか投信とか，要するに最も儲かる貯金をしたい」と言われました。しかし，話をしていると，Bさんの言動には少し不自然なところがあります。

このような高齢のBさんに外貨貯金や投資信託を勧めてもよいのでしょうか。

実務対応　まず，高齢者の意思能力の有無を慎重に見極めることが不可欠であり，意思能力がない場合は，契約の締結はできません。意思能力がある場合であっても，高齢者でもあることから，勧誘・販売すること自体に問題がないかどうかを慎重に検討しなければなりません。

また，勧誘・販売することに問題がない場合であっても，適合性の原則にもとづく説明義務や断定的判断の提供禁止等を遵守するとともに，家族の同席を求めるなどのJA内部の販売管理体制に従った対応を遵守しなければなりません。

第2編　高齢者取引／第1章　高齢者との貯金取引

●「意思能力」を欠く者による意思表示は無効

「意思能力」を欠く者による意思表示は無効とされ（大判明治38・5・11民録11輯706頁），民法に明文の規定はありませんが，当然の前提と解されています。

したがって，たとえば成人であっても認知症等により判断能力をまったく失ってしまった高齢者等は，「意思能力」も欠いていますから，これらの者との貯金取引や投資信託等の取引は無効となってしまいます。

たとえば，組合員Bさんが事理弁識能力を欠いているかあるいは著しく不十分となっているのにもかかわらず，Bさんとの間で投資信託契約等を行った場合は，後日，当該取引の取消しや無効を主張されるおそれがあり，裁判で無効等が認められれば，JAは契約の時に遡って投資信託購入のために預かった現金等を返還しなければならなくなります。

したがって，Bさんの意思能力が欠けている場合は，投資信託等の契約は謝絶するほかありません。

●適合性の原則と説明義務

高齢者Bさんの意思能力があると判断される場合であっても，JA（金融商品取引業者等）は，外貨貯金や投資信託等の金融商品についての投資勧誘に際しては，適合性の原則や断定的判断の提供禁止等を遵守しなければなりません。

「適合性の原則」とは，不適当な金融商品取引を勧誘することを防止し，組合員等の顧客が損失を被ることを防止するための原則であり，JA（金融商品取引業者等）は，投資勧誘に際して，「組合員の知識，経験，財産の状況及び金融商品取引契約を締結する目的に照らして不適当と認められる勧誘」を行ってはならないというものです（金融商品取引法40条1号，金融商品販売法3条）。

(1) 狭義の適合性の原則

狭義の適合性の原則とは，組合員の属性に照らして，一定の商品・取引について，そもそも勧誘・販売を行ってもよいかどうかをまず判断し

なければならないというものです。

(2) 広義の適合性の原則と説明義務

次に，勧誘・販売してよいと判断できる場合は，組合員Bの知識・経験・財産状況・投資目的に照らして当該組合員に理解されるために必要な方法・程度による説明をしなければなりませんが（金融商品取引法38条7号，金融商品取引業等に関する内閣府令117条1項，金融商品販売法3条2項），これを広義の適合性の原則といいます。

なお，「知識，経験，財産の状況」については，組合員の年齢や職業も考慮すべきものとされています。また，「投資目的」は，組合員の投資目的に沿うものかどうかの確認が不可欠であり，これを怠り結果として「投資目的」に沿わないものであった場合は，適合性の原則に反することになるので，投資目的の確認も怠らないようにしなければなりません。

本事例の場合は，組合員Bさんの「知識，経験，財産の状況」，年齢（70歳）や職業（年金生活者），投資目的（最も儲かる）などに照らして，Bさんに外貨貯金や投資信託の購入を勧誘すること自体が不適切ではないかどうかをまず判断し，不適切とまではいえない場合は，この広義の適合性の原則にもとづく説明を適切に行わなければなりません。

また，この説明義務の履行により，組合員は投資結果について自己責任を負わされることになるため，説明に際しては，組合員が適切な意思決定を行うために必要な情報提供を十分に行わなければなりません。

●断定的判断の提供禁止

たとえば，元本割れリスクのある商品の販売に際して，「この商品は必ず値上がりするので安心して購入できます」とか「値下がりなどありえない」などといった断定的判断を提供して勧誘を行うことは禁止されており（金融商品取引法38条2号，金融商品販売法4条4項），これに違反したときは，説明責任を果たさなかった場合と同様に，損害賠償責任が発生することとなります。また，このような断定的判断の提供をし

て組合員（消費者）を誤認させて販売すると，消費者契約法4条により契約が取り消されるおそれがあります。

　　　　　　　　　　　　●販売先が高齢者の場合の留意点
　次に，商品の説明にあたっては，特に元本割れリスクのあることについて，より丁寧な説明が求められますが，説明後に商品内容の理解度を確認するとともに，熟慮期間を設けるなどの配慮も必要でしょう。
　そして，契約締結に際しては，最終的な契約意思の確認を慎重に行わなければなりません。販売管理体制については，一定年齢以上の高齢者については，家族に立ち会い等を求めることも重要です。これにより，高齢者の事理弁識能力の程度や理解度などに関する情報を得ることができるとともに，後日の家族からのクレームを回避することもできます。
　また，投資信託の販売時には，元本割れリスク（価格変動リスク）や販売手数料のほか，信用リスク（運用先の業態悪化や経営破綻などによって被るリスク）や為替リスク（外国為替相場の変動によって被るリスク），流動性リスク（一定期間解約できないものもあります）などの重要事項について，適合性の原則にもとづく説明を徹底し，説明漏れのないように注意すべきです。

3．貯金名義変更の申出（貯金の譲渡）

質問
貯金者Ｐさんから「Ｐ名義で預入されている貯金を，以前から介護をしてくれているＣさんに譲渡したい」との申出を受けました。Ｐさんの意思能力は会話から十分あるようですが，"貯金譲渡禁止条項"があることについてその具体的内容について理解されていないようすです。
どのような説明をすればよいでしょうか。

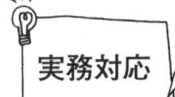

実務対応
本事例では，「世話になった人に貯金をあげたい」との申出を受けていますが，譲渡者（貯金者）・譲受人との間柄が不明で，かつ，ＪＡの貯金者に対する反対債権の存在も明らかでありません。
貯金規定に譲渡禁止条項が定められているのは，たとえば，貯金の自由譲渡を認めると，譲渡意思確認，通帳・証書事務処理管理の煩雑を招き，ひいては取引実務の安全性・確実性を損ないかねない将来的な不確実性を多く含むこととなるからです。したがって，貯金規定の条項どおり拒否することが肝要です。

●譲渡・質入禁止特約の内容

解説
1．貯金契約が成立した場合，金融機関は通帳・証書を交付するのが通常です。これら通帳・証書は貯金契約の証拠証券であり，この通帳・証書に「譲渡・質入

145

禁止」の特約が明記されています。この特約は，次のように規定されています。

「⑴　この貯金，貯金契約上の地位その他この取引にかかるいっさいの権利および通帳は，譲渡，質入その他第三者の権利を設定すること，または第三者に利用させることはできません。
⑵　当組合がやむをえないものと認めて質入を承諾する場合は，当組合の所定の書式により行います。」

つまり"譲渡"については禁止とし，貯金者からの譲渡申出があった場合は拒絶することとし，名義変更も相続，合併など包括承継の場合と実質貯金者が変わらない場合以外は認めないとするものであり，質入等については，原則的に第三者の権利設定等の利用はできないとするもので，ＪＡが「やむをえないと認めた場合」ＪＡ所定の書式での申出を受け承諾することができるとするものです。

さらに，質入での「やむをえないと認めた場合」はやむをえず取扱いする場合の事務処理について定めたものであって，ＪＡにおいて"反対債権"がないか関係部署（金融部門に限らず，営農・共済・資産管理等すべての部門）に確認するなど，事務処理を行うにあたっては細心の注意を払うことを要請しているものです。

このように譲渡については，質入のように「やむをえないと認めた場合」を承認する余地がなく，かつ，質権設定承諾依頼・同承諾・同解除等の所定書式も定めていません。

●譲渡禁止特約を付けている理由

指名債権は，当事者が反対の意思を表示しない限り，自由に譲渡することができます（民法466条）。貯金債権は，債権者（貯金者）が特定している指名債権であり，Ｐさんの貯金債権のＣさんへの譲渡は，譲渡人である貯金者Ｐさんが債務者であるＪＡにその旨を通知するか，またはＪＡが承諾すれば，ＪＡに対して貯金譲渡を主張することができます（同法467条1項）。

3．貯金名義変更の申出（貯金の譲渡）

しかし，貯金債権の譲渡が自由にできるとすると，
① 貯金者はいったい誰なのかという権利確認の困難性等の危険が生起すること
② ＪＡは，貯金者に対する反対債権がある場合，貯金と相殺したい意向があること

などから，貯金規定に譲渡禁止特約を設けているのです。

●譲渡禁止特約に反して債権を譲渡した債権者は無効を主張できない

貯金契約の当事者（貯金者＝債権者と金融機関＝貯金債務者）の特約で債権譲渡禁止がされています。この周知の事実を約定当事者が無効を唱えることができるか否かについてです。つまり，譲渡禁止特約に反した譲渡は原則無効ですが，その無効の主張は誰でもできるでしょうか。

これについては，「譲渡禁止特約に反して債権を譲渡した債権者は，同特約の存在理由に債権譲渡の無効を主張する独自の利益を有しないので，債務者に譲渡無効を主張する意思があることが明らかある等の特段の事情がない限り，その無効を主張することはできない。」とする判例があります（最判平成21・3・27金判1319号37頁）。

要約すれば，譲渡は無効だが譲渡禁止条項自体は債務者（貯金債務者である金融機関）を保護する約定であり，その特約の存在を知っててワザワザ譲渡した債権者（貯金者）が無効を主張すること自体がおかしいものであり，その主張をすることができないとしたのです。

¶ 死因贈与と遺言

　贈与は，当事者の一方が自己の財産を無償で相手方に与える意思を表示し，相手方がこれを受諾することによって，その効力を生じるものとされ（民法549条），一般的には，贈与者と受贈者（贈与を受ける人）とが贈与契約証書を作成し贈与意思の表示とその受諾を明らかにします。
　一方，死因贈与は，贈与者の死亡によって効力を生じることをいい，この死因贈与に関して「贈与者の死亡によって効力を生ずる贈与については，その性質に反しない限り，遺贈に関する規定を準用する」（民法554条）として，死因贈与に関しては，遺贈に関する規定が準用されることとなります。

(1)　遺贈と死因贈与の性質の異同

　死因贈与は，贈与ではあるが贈与者の死亡を条件としているから遺贈の世界で実行措置がとられることとなっているのです。ここでは，遺贈と死因贈与を比較対比して性格の異同点を整理しておきます。

　①　遺贈は遺言書による"要式行為"で，相手方のいない"単独行為"ですが，死因贈与は贈与者が相手方に与える意思表示をし，相手がそれを受諾することで成立する契約ですので，相手がいない単独行為ではありません。

　②　遺贈は1人でできますが，贈与は1人でできません。だが，死因贈与は贈与者の死亡を条件とするから，特殊な贈与とされています。遺贈も死因贈与とともに遺贈者・贈与者の死亡を原因として，その実行がされます。

　③　遺贈は厳格な様式を必要とし受遺者はその内容を事前に確認できません。死因贈与は遺言のような厳格な様式を必要とせず受贈者が事前に財産を確認できます。

(2)　死因贈与と相続関係

　死因贈与の効果は遺贈とほぼ変わるところがなく，「遺贈（贈与者の死亡により効力を生ずる贈与を含む）」（相続税法1条）と規定しています。
　つまり，相続税法のすべての適用関係において遺贈と同じ扱いをすることを明らかにしています。こうしたことから，死因贈与は多くの場合に目的物が特定されていることから，特定遺贈と同一視されるものです。

4．代筆による貯金の払戻し

質問
貯金取引のある高齢者が貯金の払戻しのために来店し、「最近文字が書きづらいので払戻請求書を代わりに書いてくれないか」という依頼がありました。ＪＡはどのように対応すればよいでしょうか。

実務対応
貯金者に面談し，代筆を依頼される理由が貯金者の意思能力が欠けていることに起因していないかを慎重に判断します。意思能力に欠けることがないと思われる場合には，可能な限り本人の自署を依頼しますが，高齢による障がいがあり代筆がやむをえないと役席者が判断した場合は，事務手続に従い役席者立会いのうえ窓口係が代筆を行い，役席者が貯金者の申出と代筆内容が一致していることを確認します。

解説

●可能な限り本人に自署を依頼する

1．代筆の申出の理由を確認

払戻請求書はＪＡが貯金者の申出により貯金を払い戻したことを証明する書面であり，払戻請求する貯金者自身の自署により作成してもらうことが原則となりますが，貯金者の身体に障がいがあり払戻請求書の作成が困難であるときには，不自由な事情に応じた配慮をしなければならない場合もあります。

しかし，本事例のような，高齢で文字が書きづらいことを理由とする

代筆申出の場合には，本当に手の障がいのために字が書けない場合であるのか，それとも別の事情によるのか，具体的事情よって異なった対応をする必要のあることがあります。

２．意思能力の確認について留意

　代筆は，そもそも貯金者本人の署名ではないのですから，後日その取引が本人の意思にもとづいたものではないと主張される可能性があることを十分に認識しておく必要があります。特に高齢者の場合は，契約時点では意思能力があったとしても，その後意思能力が欠ける場合があり，後になって，貯金者本人が意思能力を失い「払い戻した覚えはない」と主張するような場合があります。また，相続発生後に相続人などが，貯金の取引履歴などにもとづいて払戻請求当時既に貯金者に意思能力がなかったと主張する場合もあります。

　このため，本件のような代筆の申出の場合に限らず貯金取引全般にわたって該当することですが，まずは貯金者に意思能力があるかどうかの点に留意する必要があります。

　高齢者から文字が書きづらいという理由で代筆を依頼された場合，文字が書きづらいという事実の背後に意思能力の有無の問題が隠れている可能性があることに配慮し，そのような申出があった場合には役席者自らが貯金者に面談するなどして，申出のあった貯金者の意思能力の有無を確認する必要があります。その結果，意思能力が欠けているようであれば，具体的な事案によっては成年後見制度の利用により成年後見人との取引せざるをえない場合もあるでしょう。

　また，高齢者の場合，「文字が書けない」という申出であっても，実際には書けはするのですが手の震えなどがあって文字を書くことが億劫になっているに過ぎない場合があり，このような事情であっても「文字が書けない」という理由で代筆を依頼される場合があります。

　しかし，上述のとおり払戻請求書は，貯金者の申出にもとづいて貯金を払い戻したことを，貯金者本人が自署することによって証明する重要

な書面であり，万一紛争となった場合には証拠書類となるものであることを考えれば，多少読みにくいところがあったとしても判読できる範囲であれば，可能な限り本人の自署を依頼すべきです。

●手に障がいのある場合の対応

意思能力が欠けている場合や文字を書くことが億劫になっている場合以外の，高齢で手の機能に障がいがあるような場合で，貯金者本人から代筆の申出があった場合には，次のような取扱いを事務手続に定め，これに従って対応します。

① 役席者が面談し貯金者の自署が困難と判断した場合は，職員による代筆対応もやむをえませんが，職員が代筆する場合は，役席者立会いのうえ，窓口係が代筆を行い，役席者は貯金者本人の申出内容と代筆内容が一致していることを確認する，などの慎重な対応が必要です。

② 同行者の代筆による取引を依頼された場合は，同行者の氏名を本人確認書類により確認し，貯金者本人から同行者の氏名および貯金者本人のとの関係の確認を聞き取りにより行ったうえで，同行者から当該帳票に貯金者本人の氏名に続けて代筆者の署名の記入を受け，貯金者本人に取引内容を確認して行う，などの対応が必要です。

③ 代筆による場合は後日関係者との間で紛争の起こる可能性があることから，複数の職員で対応のうえ，必ず「面談記録」を作成し，代筆を必要とする事情，経過，同席者，払戻請求書作成時の状況などを記録しておくことも必要です。

5．キャッシュカードの暗証番号失念による暗証番号の照会依頼

質問　高齢者Ａさんは，来週，温泉旅行に行くための費用をＪＡの貯金から払い戻そうとしたものの，通帳はあるが届出印が見当たらなかったので，キャッシュカードで払い戻すことにしました。ところが，キャッシュカードの暗証番号を忘れてしまい，あれこれと暗証番号を入力したものの暗証番号が違うため引き出せませんでした。そこで，Ａさんは窓口担当者のＢさんに通帳を見せながら届出印が見当たらないのでＡＴＭを利用したいが，カードの暗証番号を忘れたので教えてほしいと頼みました。
　どのように対応したらよいでしょうか。

実務対応　キャッシュカードによる貯金の払戻しは，キャッシュカード規定により「当組合が本人に交付したカードであること，および入力された暗証と届出の暗証とが一致することを当組合所定の方法により確認のうえ貯金の払戻しを行います」と規定しており，貯金者本人以外，たとえ無権利者であっても暗証番号が一致すれば貯金の払戻しができるだけに，暗証番号の照会については，慎重かつ限定的に取り扱わざるをえません。
　実務上の対応としては，①届出の暗証番号をよく考えて思い出してもらい，お客様に心当たりの暗証番号を再度ロックアウトされるまでトライしていただき，最終的にアンマッチの場合は，このカードを回収しキャッシュカードの再発行手続をしていただきます。②本人確認十分かつ

5．キャッシュカードの暗証番号失念による暗証番号の照会依頼

緊急やむをえないと支店長等が認めた場合でも，店頭で暗証番号照会に応じてはなりません。

●暗証番号を忘れた場合は通帳による払戻しで対応

キャッシュカードの暗証番号を忘れた場合の対応は，カードの再発行を大原則とし，その間は窓口で通帳による払戻しの方法で対応していただくよう説明します。暗証番号の照会に対しては，暗証番号は紛失・盗難により第三者による貯金の不正払戻しができないよう，お客様しか知らない秘密の番号であり，店頭では受け付けることができないことを説明します。

本事例のAさんのケースについても，最終的に暗証番号がわからない場合は，カードの再発行手続を依頼するとともに旅行費用の準備に緊急性がないのでもう一度よく届出印を探していただくようお願いします。

●暗証番号を回答する場合のリスク回避上の留意点

暗証番号の照会・回答には貯金者本人からの申出であることの確認が必須要件ですが，健康保険証や住民票の写しの提示があっても本人とは限りません。本人なりすましのケースも考えられますので，限定的に取り扱う必要があり，リスク管理上，その場では暗証番号を教えてはなりません。

やむをえず暗証番号照会に応じる場合は，事務手続に従ってお客様から本人確認資料として，普通貯金通帳および運転免許証等顔写真付公的書類の提示を受け，届出印を押印した「キャッシュカード等暗証番号照会依頼書」を徴求したうえ，回答書を本人限定郵便で届出住所宛に送付するなど慎重な対応が必要です。

●キャッシュカードの利用を停止するロックアウト

キャッシュカード取引においては，カードの紛失・盗難があっても暗証番号の一致をもって貯金が払い戻せるというリスクが内在しています。これら不正利用防止の観点からキャッシュカード規定においては，

153

「カードが偽造，盗難，紛失等により不正に利用されるおそれがあると当組合が判断した場合」には，カードの利用を停止するものとしています。

　たとえば組合所定の規定回数を超えて暗証番号を入力した場合には，機械上，貯金者本人でないおそれがあると判断して，第三者の不正利用を防ぐため，カードが利用できないようシステム対応しています。これをロックアウトといいます。つまり暗証番号を何回も間違えるということは，一般に考えて本人ではないと判断し，事故防止上の観点からカード取引を不能扱いとしています。ロックアウトとなったカードは，その後に正しい暗証番号を入力してもカード取引を不能としているので，そのカードを回収しあらためて本人確認を行ったうえで再発行手続を依頼することになります。

●カードの再発行手続および暗証の届出・カードの保管における留意点
　キャッシュカードの暗証番号を忘れた場合やロックアウトとなった場合におけるカードの再発行手続は，お客様から「カード申込書」と「再発行依頼書」を徴求するとともに，「通帳・カード・届出印・本人確認書類」の提示を受けます。その際，所定の再発行手数料を受け入れます。

　なお，カード申込書に記載する暗証番号の届出は，キャッシュカード規定において，「カードは他人に使用されないよう保管してください。暗証は生年月日・電話番号等の他人に推測されやすい番号の利用を避け，他人に知られないよう管理してください」と注意を喚起しており，お客様が暗証番号を記載する際には，紛失・盗難に備え，「生年月日・電話番号・住所の地番・車の番号・健康保険証等に記載されている番号」等を避け，忘れない番号を記載すること，およびカードの保管にあたっては，カード上に暗証番号を書いたり，暗証番号を書いたメモといっしょに保管することがないよう説明することも善管注意義務の範囲です。

6．ＡＴＭによる振込で振込金額を
　　間違えた場合の対応方法

質問

組合員のＡさんは，ＪＡのキャッシュカードを利用してトラクターの修理代金20万円をＪＡのＡＴＭを利用して東西銀行市谷支店宛に振込を行い，自宅に帰って振込金受取書を見たら振込金額が200万円となっていることに気付き，あわてて窓口に来店されました。

Ａさんから，正しくは20万円振り込むところ，ＡＴＭ画面の振込金額をよく確認しなかったため，うっかり誤って200万円振り込んでしまったので，すぐこの振込を取り消してほしいという申出がありました。

Ａさんがミスした振込金額の誤振込について，Ａさんに対する対応と事務処理はどのようにしたらよいのでしょうか。

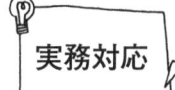

実務対応

振込金額の誤振込については，お客様が間違えた場合とＪＡで事務処理ミスした場合の２つがありますが，それぞれ顧客対応と事務処理に大きな相違点があります。本事例のようにお客様が振込金額を間違えた場合には，振込依頼人であるＡさんからの依頼による「組戻し」という事務手続を行います。一方，ＪＡが振込金額を送信ミスした場合には，「取消」という事務手続を行います。

この組戻しの取扱いは，受取人の口座に振込金がすでに入金済みの場合には，被仕向銀行である東西銀行と受取人との関係は，普通預金契約にもとづき振込金は誤振込であっても，受取人は東西銀行に対して振込

金の預金債権を取得し、預金取引が成立してるので、この振込を取り消すことはできません。最高裁判決（最判平成8・4・26）においても振込依頼人と受取人との間に振込の原因となる法律関係があるなしにかかわらず、誤振込であっても受取人と銀行との普通預金契約が成立し、銀行に対して振込金額相当の預金債権を取得するものとしています。

振込は振込依頼人が仕向銀行に対して仕向銀行と被仕向銀行との間の為替取引を委任する契約であり、すでに受取人口座に入金記帳されている場合には、委任事務が終了しているので、委任の解除である組戻しはできないことになります。

実務上は、ＪＡから東西銀行市谷支店宛に組戻手続を行い、東西銀行から受取人に対して、Ａさんが振込金額を誤振込したことを説明し、受取人の同意が得られた場合にのみ、資金返却することができます。よって、Ａさんに、振込金200万円は受取人の同意が得られた場合に資金返却されることを説明したうえで組戻しの手続を受け付けることになります。

また、組戻しの受付手続においては、事故防止上、振込金受取書の提示および振込依頼人の本人確認を公的書類により厳格に確認したうえ「振込金組戻依頼書」を受け付けます。その際、所定の組戻手数料を徴求します。振込契約と振込事務に関わる当事者間の法律関係を理解しておく必要があります。

●振込依頼人（Ａさん）とＪＡとの法律関係

解説　振込は、振込依頼人から振込依頼を受けたＪＡが被仕向銀行である東西銀行の受取人の預金口座に振込金を入金することを内容とする為替取引です。振込依頼人とＪＡとの間の振込契約の法律関係は、委任契約「当事者の一方が法律行為をすることを相手方に委託し、相手方がこれを承諾することによって、その効力を生ずる」（民法643条）ないし事務の委任であるので

6．ＡＴＭによる振込で振込金額を間違えた場合の対応方法

「準委任契約」」（同法656条）と解されています。

●ＡＴＭによる振込契約の成立時期と振込通知の発信

　振込契約の成立時期は，振込規定により振込機による場合には，「振込契約は，当組合がコンピュータ・システムにより振込の依頼内容を確認し振込資金等の受領を確認した時に成立するものとします」と規定しており，振込通知の発信は，「振込契約が成立したときは，当組合は依頼内容にもとづいて，振込先の金融機関宛に振込通知を発信します」と規定しています。なお，窓口で振込依頼書による場合には，「振込契約は，当組合が振込の依頼を承諾し振込資金等を受領した時に成立するものとします」と規定しています。

●ＪＡと被仕向銀行（東西銀行市谷支店）との法律関係

　全銀システム加盟金融機関相互間において，内国為替を取り扱うことができ，振込手続や振込金の組戻し・取消も内国為替取扱規則にもとづいて行われており，ＪＡと被仕向銀行との法律関係は委任契約と解されています。

●被仕向銀行と受取人との法律関係

　被仕向銀行と受取人との間には，振込契約上の法律関係はなく，普通預金契約による普通預金規定において，「この預金口座には，為替による振込金を受け入れます」と規定しており，被仕向銀行と受取人との法律関係は，預金契約上の関係にあり，消費寄託契約と委任契約の複合関係にあると解されています。

●ＪＡの被仕向銀行への組戻依頼手続と被仕向銀行の取扱い

　ＪＡの振込機を利用したＡＴＭ振込は，すでに東西銀行宛に振込通知が発信されているので，東西銀行市谷支店の為替担当役付者宛に電話により組戻依頼を行うとともに，直ちにテレ為替による「組戻依頼電文」を発信することになります。組戻依頼電文は，「一般通信［依頼］」（通信種目コード「8102」）を作成します。

　組戻依頼電文を受信した被仕向銀行の取扱いは，ＡＴＭで振込された

157

該当の振込通知が到着していることを確認し、まだ受取人口座に入金されていない場合は受取人の承諾を得ずに振込金をＪＡ宛に資金返却することができますが、受取人口座に入金済みの場合は、受取人に連絡して振込金額の誤振込に伴う組戻手続により資金返却してもよいか意思確認が必要となります。組戻しの同意が得られた場合は、同意書または200万円の預金払戻請求書を徴求して普通預金から払い戻して資金返却を行います。手続はＪＡの仕向店宛にテレ為替により「付替［その他の資金付替（当日）］」にて資金返却します。

なお、被仕向銀行は受取人から組戻しの同意が得られない場合には、その旨を「一般通信［回答］」により発信します。ＪＡは振込依頼人に組戻しができない旨を連絡し、依頼人と受取人で協議してもらいます。

●振込資金の依頼人への返却手続

被仕向店から「付替」により資金返却された場合は、振込依頼人に連絡し、再度本人確認を行ったうえ所定の受取書を徴求して普通貯金口座へ入金します。当店と取引がない場合は、できるだけ現金の支払を避けて自己宛小切手（預手）を振り出すようにします。

●振込金の組戻しと取消の相違点

「組戻し」は、振込依頼人が仕向銀行・支店、振込金額などを間違えた場合の手続で、振込金が受取人口座に入金済みであった場合には、受取人の同意が得られた場合に資金返却ができる取扱いです。

「取消」は、仕向銀行の錯誤（送信ミス）により発信した電文を取り消す取扱いです。取消の範囲は、重複発信（二重送信）、被仕向金融機関名・店名相違、通信種目コード相違、金額相違、取扱日相違（振込指定日相違）などがあり、受取人口座に入金済みであっても、普通預金規定において、「この預金口座への振込について、振込通知の発信金融機関から重複発信等の誤発信による取消通知があった場合には、振込金の入金記帳を取消します」と規定しており、受取人の同意を得ることなく、入金を取り消して資金返却することができます。

7．ホームヘルパーからの貯金の払戻依頼

質問　貯金者Aさんに頼まれて普通貯金30万円の払戻しを依頼されたとのことで，窓口にホームヘルパーのBさんが来店しました。Bさんに事情を聞いてみると，Aさんは高齢で日常生活において，身体介護を必要とし，介護保険の「要介護１」の訪問介護（ホームヘルプ）サービスを利用しており，Aさんは元気で会話もできるが，歩行困難で貯金の払戻しに自立でJAの窓口に行けないので，ホームヘルパーのBさんに通帳と届出印を預けて払戻しを依頼したということでした。

どのように対応したらよいでしょうか。

実務対応　貯金の払戻者が明らかに貯金者でないことをJAが知りえた場合は，原則として本人の意思確認が必要であり，無権限者への支払は「債権の準占有者に対する弁済」の規定（民法478条）が適用されません。この場合，貯金の払戻しを依頼されたと言っているだけのホームヘルパーに支払うことはできません。

訪問介護（ホームヘルプ）サービスは，ホームヘルパーが居宅を訪問して，食事や入浴，排泄等の身体介護および調理や掃除などの生活援助を行うものであり，貯金の払戻代行や本人以外の家族のための家事，ペットの世話，草むしり，大掃除などは介護保険のサービスの対象外です。したがって，ホームヘルパーに貯金の払戻代行サービスが含まれて

159

いない以上，ＪＡにとっては，ホームヘルパーＢさんはＡさんの貯金払戻権限のないまったくの第三者であり，無権限者Ｂさんに対する支払はお断りしなければなりません。

　実務対応としては，Ａさんに意思能力があることを確認したうえ，事故防止上の観点から単発取引として委任状による家族への払戻代行が最も望ましい取扱いです。家族が遠方等，特別な事情があれば委任状によるホームヘルパーＢさんへの払戻代行も可能です。この場合，払戻請求書はできる限り貯金者本人の自署が望まれます。また，法律的にはＢさんに代理権を付与した代理人届による貯金の払戻代行に応じることも可能ですが，第三者との貯金の払戻代行は，後日ＪＡが本人または家族とトラブルおそれもあるので，家族または推定相続人による代理人取引を優先し，ホームヘルパーＢさんとの代理人取引は特別な事情がない限り避けることが望まれます。

●貯金の払戻権限付与は判断能力・意思能力を確認

　介護サービスを受けている高齢者は，介護を必要とする程度により要介護１～要介護５までの５段階があります。認知症などにより判断能力をまったく失っている高齢者等については，意思能力も欠いているので，貯金取引等の行為は無効とされることに注意を要します。本事例のＡさんは元気で会話もできるが，歩行困難等で身体介護サービスを受けているように，要介護だからといっても必ずしも意思能力がないとは限りません。

　本事例は，自立で貯金の払戻しにＪＡの窓口に行けない場合の貯金の払戻代行の対応ですが，貯金者Ａさんからの委任状もなく，単なるＡさんの使者としてホームヘルパーＢと称する者に対する支払は無権限者に対する払戻しとしてお断りします。

　ＪＡとしては，まずＡさんの居宅を訪問し，意思能力・判断能力の有無を確認しなければなりません。認知症などで判断能力がない場合に

7．ホームヘルパーからの貯金の払戻依頼

は，制限行為能力者として貯金の払戻しなど法律行為ができず，家族やホームヘルパーに貯金払戻しの権限を付与することもできないので，継続的な貯金の払戻しは，一般に成年後見制度を利用していただく必要があります。

●意思能力がある場合の貯金払戻代行の対応

本事例のＡさんに対する貯金の払戻方法については，訪問し意思能力があることが確認できた場合には，事情を勘案のうえ次のいずれかの方法で対応することになります。

① 歩行困難であるが，車椅子を利用するなどＢさんの介助により外出可能であれば，ＪＡの窓口に直接来店していただき本人に払い戻す。
② 委任状により家族に払い戻す。
③ 委任状によりホームヘルパーに払い戻す。
④ 渉外担当者が訪問し通常の渉外活動として，本人に払戻請求書に自署・捺印してもらい通帳を預かって払い戻す。

●委任状により家族またはホームヘルパーに払い戻す場合の留意点

貯金払戻しにかかる委任状により家族またはヘルパーを代理人として貯金を払い戻す場合は，以下の点に留意を要します。

① Ａさんに委任状の事実関係について訪問または電話により意思確認を行い，代理人との関係や払戻金額について確認を行う。
② 委任状および払戻請求書に記載されている貯金者Ａさんの署名と印鑑票の筆跡が一致しているか照合を行う。
③ 印影が届出印鑑と一致しているか厳格に照合を行う。
④ 委任状を持参した代理人が受任者本人であるかどうか，貯金者Ａさんとの関係を聞くとともに，運転免許証等の本人確認書類の提示を受けて代理人の本人確認を行う。
⑤ 払戻請求書には，本人Ａの自署の下に代理人○○と自署し，受領印を押印していただく（別途，受領書を徴求する方法もある）。

●継続的な貯金払戻代行対応における留意点

　貯金者Ａさんのように歩行困難など身体介護を要する場合で，意思能力がある高齢者取引については，単発取引は委任状で対応可能であるが，今後とも継続的に生活費その他の払戻しが発生する場合は，代理人届による代理人取引を行うことになります。

　代理人取引による貯金の払戻しは，払戻請求書に貯金者の自署を必要としていないので自由に払戻しができる難点があります。代理人の選任は貯金者の自由意思ですが，特別な事情がない限り家族を代理人とすることが望ましく，ホームヘルパーを代理人としても，法律的には問題はありませんが消極的な取扱いとします。特に大口貯金者で高額の定期貯金の解約や普通貯金の払戻金額が通常の生活費程度を大きく上回る払戻しがある場合には，推定相続人全員の連署のもとに，その１人を代理人に選任することが望まれます。

　いずれにしても代理人による払戻しについては，代理人について届出の代理人本人であることをその代理人の届出印と通帳により確認を行うとともに，代理権の範囲の確認および高額な払戻しについては，貯金者本人に支払金額の確認を行うことが実務上の取扱いです。

●意思能力がない場合は成年後見制度の活用

　意思能力がない高齢者に対する貯金の払戻しは，ホームヘルパーはもちろんのこと，家族であっても，原則として払い戻すことはできません。この場合には成年後見制度を活用した後見人への払戻しを依頼することになります。ただし，日常生活費程度の払戻し，または病院への支払など資金の必要性と緊急性など個別事情によっては，便宜的な支払も判断せざるをえないケースもあります。本人の入院費用の払戻しについては，病院からの請求書にもとづいて振込手続をします。

　なお，配偶者に対する日常生活費程度の払戻しは，日常家事代理権（民法761条）が認められているので，その範囲内では日常家事に関する代理行為として有効な貯金の払戻しになるものと考えられます。

8．老人ホーム職員による
　　入居者の貯金の払戻代行

質問

最近オープンした特別養護老人ホーム（介護老人福祉施設）の職員が窓口に来店し，「当ホームに入所しているAさんからの依頼で，通帳と届出印鑑を預かってきたので，Aさんの普通貯金から3万円を払い戻してもらいたい」という申出がありました。払戻しの理由を聞いてみると，日常生活用品の購入代金や病気のための医療費の支払代金に充てるためとのことで，話によると今後とも他の入所者からの依頼により，ホーム職員による貯金の払戻代行が予想されるとのことです。
　このような申出に対して，どのように対応したらよいでしょうか。

実務対応

老人ホームの職員からの入所者の貯金払戻しの代行依頼は，現実として数多く申出がありますが，単に入所者本人の使者として来店し，通帳・届出印鑑が真正なものであっても，貯金者がホーム職員に払戻しの依頼をしたか否か事実関係の意思確認ができないときは，原則として第三者である職員による払戻しには応じられません。
　特別養護老人ホームは一般に「特養」と呼ばれている施設で，入所者は要介護1～要介護5までの介護保険制度の適用者が入所しています。入所者は常時食事・入浴・排泄等の日常生活全般の介護や療養上の介護を必要としている方で，JAに自立で貯金の払戻しのため外出できなく

とも，必ずしも認知症等により意思能力・判断能力の欠けている方だけではありません。

　よって，施設に訪問または電話で本人と面談のうえ，本人の判断・意思能力に欠けることがなく，職員への払戻権限委譲の意思確認ができれば貯金の払戻しに応じることができます。貯金の払戻しは，本来家族に依頼することが自然ですが，公共料金の支払，日常生活用品等の購入，年金振込の払戻しもあり，本人のための払戻目的であることが確認できれば，緊急避難的に単発取引として委任状の提出を受けて払戻しに応じても問題はないと思われます。ただし，この場合のホームの職員は，単なる使者にすぎないので払戻請求書は貯金者本人の自署が要件であり，印鑑票との筆跡照合を行うとともに，職員がホームの職員であること，および職員の本人確認を行ったうえ，受領書に自署および受領印を求めて支払うことになります。

　老人ホームの多くは，"介護保険給付外サービス"として，有料かつ任意の個別契約として，通帳，印鑑，年金証書，介護保険証，小口現金などを預かる「金銭管理サービス」の取扱いをしており，貯金の入金・払戻業務を引き受けています。このような場合には，ホーム職員による継続的な払戻代行が発生すると思われます。ＪＡとしては，老人ホーム・入所者・家族の三者連名で代理人契約を締結して，特定した事務代行職員を代理人とする代理人届で対応することが望まれます。

　ＪＡとしては，本来ならば家族と代理人契約を締結することが望ましいですが，現実問題として施設が遠方で，家族が随時払戻し発生のつど訪問することができないので，施設に委託せざるをえないことからホーム職員による払戻代行の必要性が発生します。この代理人契約は，あくまでも貯金者本人に意思能力・判断能力があり，制限行為能力者でない場合の取扱いです。

8．老人ホーム職員による入居者の貯金の払戻代行

●老人ホームの"金銭管理サービス"の必要性と貯金の払戻代行

入所者の個人負担となる「介護保険給付外サービス」として，日常の生活用品の購入や理容美容，外出の介助としての送迎交通費，病気治療等の医療費，茶菓，社会保険料納付，その他買物代金などがあり，これら必要に応じて貯金の払戻代行が生じてきます。なお，施設によっては，施設でいったん立て替えて1か月分をまとめて入所者に口座振替で請求する施設もありますが，取扱いによってはホーム職員による貯金の払戻代行は避けられません。

●老人ホーム側の貯金払戻代行の管理体制

金銭管理サービスを行っているホームでは，管理責任，管理方法，預かり金の確認等について，金銭管理サービスの規定があり，入所契約時の「重要事項説明書」の中に記載されています。職員による貯金横領着服を防止するための管理体制として，個人別管理台帳を作成し，一般的に保管管理者を施設長（理事長）とし，出納管理者たる事務長が印を管理し，補助者たる事務職員が通帳を管理して牽制しており，入所者は貯金の預入・払戻しのつどホーム所定の依頼書を保管管理者に依頼し，その取引明細を作成して入所者にコピーを交付することにより依頼事項の確認をしています。

●JAと老人ホームとの代理人契約（代理人届）

金銭管理サービスの制度があるなしにかかわらず，老人ホームと代理人契約を締結するにあたっては，あくまでも利用者の利便性を考慮しつつリスク管理上，通常の取扱いよりも慎重な注意が必要です。代理人契約は，代理人が貯金者の意思によらずとも自由に貯金の払戻しができるリスクもあります。JAとしては，老人ホームおよび金銭管理サービスを契約した入所者（貯金者）およびその家族との間で代理人届を締結することが最も望ましく，代理人届に「本件取扱いによって生じたいっさいの責任は私どもが負います」という免責条項を入れることにより，J

Aは損害を被ることがない契約内容とします。

　代理人届には，払戻代行者として特定の事務代行職員の氏名，使用印鑑および写真付の職員証または運転免許証のコピーの事前提示を受けておき，当日の払戻しにおいても，再度代理人の本人確認を行います。また，代理権限の範囲（貯金の種類・口座番号等）を特定するとともに，1回の払戻限度額を設定しておくことも必要と考えます。

　なお，代理人契約による貯金の払戻請求書の署名は，代理人だけでよく本人の自署は必要としませんが，本人の自署を求めるかどうかはホームの金銭管理サービスの取扱いと関係するので双方で協議を行います。また，この取扱いは当店のみの異例取引とし，他店での払戻代行には応じられない旨をホームに承諾を得ておく必要があります。

9．家族による払戻しの申出
　　（病院代，施設利用費等の支払）

質問

貯金取引先Ｐさんの同居家族が「Ｐさんの病気入院にかかる治療代および病院施設利用等にかかる費用等支払のため」として，Ｐさん名義の貯金通帳と届出印鑑（払戻請求書押印）を持参して払戻しのため来店しました。

どのように対処したらいいのでしょうか。

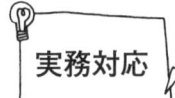

実務対応

貯金の払戻しは預金者本人からの請求に対し貯金者本人に対して行うのが原則です。しかし，本事例のようにやむをえず家族の者が来店する場合もあります。このような場合，来店した家族から貯金者であるＰさんの健康状態・入院に至るまでの経緯等を聞き取りして家族が貯金者の"使者または代理人"として払戻請求していることについて，不審を感じることがなければ，払戻しに応じることができます。家族に本件の事情聞き取りの際に態度・払出金額等に不審な点があれば，病院訪問するなどし貯金者Ｐさんと直接面談しご本人から本件に関する事情確認をします。

●家族内での貯金管理状況により対応

解説

本件は家族によるとあることから，その前提として貯金払戻しは，通常一般には貯金者または貯金者に払戻依頼をされた者が行いますが，"代理人"と取引ができないわけではないことを最初に認識しておきましょう。

つまり，夫名義となっている貯金を妻が払戻請求すること，また，家族全員の貯金口座を世帯主である夫がまとめて管理することもあるでしょう。こうしたことがその家族にあって恒常的になされ，かつ，払戻請求が行われていることが従前取引から確認できる場合，貯金者以外の者（家族）からの請求受付をすることが考えられます。

その場合には，次の事項について慎重な確認を行い，払戻請求に不審な点がない場合に限って応じます。
① 貯金者と来店者の関係がそもそも不明である
② 来店者に払戻権限があるかまったく不明である

こうした状況では来店者が貯金者の親族であっても勝手な払戻請求に応じれば，不正払戻しとなるから，まずは貯金者本人の意思の「確認」を必要とします。確認の結果，貯金者に払戻しの意思がない場合もしくは来店者に払戻権限がない場合は，当然に払戻請求を断ります。

貯金者から取引を来店者に対し頼んだという事実確認が可能な状況がない限り，原則として貯金払戻しに応じることはできません。

●**貯金者に意思能力がないことが判明した場合の対応**

意思能力がある場合には，代理人として家族の届出により，その後の取扱いは代理人として払戻しが可能となりますが，貯金者の入院が長期化しその後に意思能力を喪失したまま，貯金払出請求が反復して発生することも予想されます。したがって，代理人届にはその期間を定めて，期日到来のつど貯金者の意思確認をして新たな期間を定める扱いが好ましいと考えられます。

また，期日到来時またはその途上で貯金者の意思能力が欠けることがあると認められた場合は，不正防止や事故防止等本人の保護と家族の便宜を十分考慮して，"成年後見制度"利用を勧めることも大切です。家族が"成年後見人"となった場合には，貯金者の法定代理人として取引が可能になることを説明します。

10. 高齢者本人の払戻請求に応じないで欲しいとの家族からの申出

質問

貯金取引先Pさんの同居家族から「Pは高齢で最近認知症気味なので，払戻しに来店しても応じないでいただきたい」との要請がありました。

同居家族といっても真実の貯金者ではなく，本来貯金契約当事者でない者からの要請ですから，謝絶することで対処してよいでしょうか。

実務対応

1．原則は，貯金者以外の者から支払停止依頼を受けても謝絶します。これは貯金者の同居親族であっても同じです。

本件は，貯金者の家族から，貯金者が最近認知症気味との情況報告を受けていますからその情況についてより聞き取りするとともに，必要に応じて貯金者について医師に診断してもらうことも肝要な対処方法です。診断の結果，停止措置がやむをえないとJAで判断した場合は，支払停止措置をすることもあります。

2．本件は，対象貯金が高齢者本人名義となっているものですが，家族名義となっている貯金の場合があります。その場合は，"家族面接"により家庭内の情況および諸事情確認が必要となります。申出内容を相当とする理由ありとJAで判断した場合は，所定の裁量決裁を受け支払停止措置に関するシステム登録をすることになるでしょう。

なお，窓口取引業務日誌等に詳細に記録するなどして，後日のトラブル等に備えることが肝要です。

● "支払停止システム登録"の要否

(1) 金銭の消費寄託契約の期限特性

貯金は金銭の消費寄託契約であり（民法657条・666条），受寄者であるＪＡは貯金契約の約旨にしたがって寄託物（金銭）を保管し所定の利息を付して支払うものです。寄託者である貯金者から貯金の返還（払戻し）を請求されたときには，正当な理由なくして払戻拒絶はできません。

普通貯金は期限なき貯金ともいわれ，いつでも所定の方法にて払戻依頼があればそれに応じなければならない貯金です。また貯金の弁済期限を定めた定期貯金にあっては，貯金者から弁済期限が到来した貯金の払戻依頼があった場合も当然に払戻拒絶はできません。

(2) 払戻拒絶および正当事由

払戻拒絶には"正当な事由（理由）"がなければ，履行遅滞による債務不履行によりＪＡは貯金者にその責めを負うことになります。本件は貯金者の家族からの停止依頼であることから，貯金者の意思を反映している依頼なのか，あいは貯金者の意思を考慮していない依頼なのかの確認が肝要です。

(3) 家族からの聞き取り確認のポイントと対処措置

① 貯金者の意思確認がなされていない理由を聞き取りします。
② 貯金者の意思能力の低下・喪失を理由としているかいなかを確認します。
③ "支払停止"に正当な理由がある場合は，家族に所定の届出書の提出依頼をします。
④ 正式な支払停止措置要請には，家族から医師の診断（書）を受けることを依頼します。
⑤ ＪＡ担当者としても①から④の諸事情について家族および医師等との面談を通して貯金者の意思能力の有無を確認します。

これら一連の処理・対応は，面談記録等を確実に残し役席者への報

10. 高齢者本人の払戻請求に応じないで欲しいとの家族からの申出

告・承認をとり承認裁量決裁により，支払停止システム登録を行うことになります。

●停止措置後の対応ポイントは"家族面接"を通して

(1) 停止措置をした後の対応

　停止措置をしたまま放置しておくことは好ましくありません。高齢である貯金者が意思能力を失ったときや意思能力低下に際しては，"成年後見制度"の利用を勧めることがあります。成年後見制度は，任意後見制度と法定後見制度の2つの制度の利用が考えられます。

　家族の者が任意後見人や成年後見人となれば，その者が高齢の貯金者の代理人として貯金口座を管理することができます。また，貯金者による不用意な貯金払戻事故・不正払戻しの防止の観点からは，保佐人・補助人となれば貯金取引の同意権・代理権および同意なしでの行為に対する取消権が与えられることから所要の防止効果が得られること等を説明します。

(2) "日用品の購入その他日常生活に関する行為"と成年後見制度

　成年後見人の選任がされても，成年被後見人である貯金者本人が行う"日用品の購入その他日常生活に関する行為"については，自己決定権を尊重する趣旨（民法9条）から，意思能力が低下した貯金者といえども日常生活に必要な少額払戻しは認められています。こうした場合は，家族に随時連絡を取り事情確認をして払戻依頼を受け付け措置することになります。

11. 高齢者に対するＪＡカードの推進

質問
ＪＡでは，一体型カードなどのＪＡカードの推進を重点課題として取り組んでいます。
そこで，高齢者で日常ほとんど外出もせず，大きな買い物もほとんどしない方にも推進しようと思いますが，問題があるでしょうか。

実務対応
クレジットカードであるＪＡカードの推進事業についても，お客さまの事情を考慮しＪＡカードをお客さまが持つ必要性をよく考えて推進すべきであり，本件のような場合には本人の意向はもちろん本人が保有したいと考える理由や利用方法なども相談しながら，推進すべきです。万一，ＪＡカードを利用する可能性がないと判断される場合には推進を控えるべきです。

●ＪＡカードの推進事業にも農協法に定める禁止行為等の適用

解説
ＪＡカードの推進事業を，ＪＡは農業協同組合法（農協法）10条6項17号に定める事業として取り扱っています。したがって，ＪＡカードの推進事業に関しても，農協法に定める禁止行為等（農協法11条の2の3）の適用があり，次のような行為は禁止されます。
① 利用者に対して虚偽のことを告げる行為（同条1号）
② 利用者に対して不確実な事項につき断定的な判断を提供し，または確実であると誤認させるおそれのあることを告げる行為（同条2号）

11．高齢者に対するＪＡカードの推進

③　利用者に対し，その行う業務の内容および方法に応じ，利用者の知識，経験，財産の状況および取引を行う目的を踏まえた重要な事項について告げず，または誤解させるおそれのあることを告げる行為（同条４号，農業協同組合および農業協同組合連合会の信用事業に関する命令（以下「信用事業命令」という）10条の３第１号）

④　利用者に対し，不当に，ＪＡカードを作ったり利用することを条件として，融資を行ったり融資を約束する行為（同条４号，信用事業命令10条の３第２号参照）

●カード利用者の支払可能額の範囲内で推進

　また，ＪＡカードはリボ払いが可能なカードなので割賦販売法の適用があり，同法ではカードを交付し，または利用可能額を増額する場合には，カード利用者の支払可能額の範囲内でなければならないと定めています（同法30条の２・30条の２の２）。もちろん，ＪＡがＪＡカードを交付するわけではなく，割賦販売業者（クレジット会社）ではないので，この規定が直接ＪＡに適用されることはありません。しかし，ＪＡもこの趣旨を踏まえて十分な支払能力がないと思われる者に対してまでＪＡカードを推進することは控えるべきでしょう。

　また，ＪＡカードは金融商品販売法の規制の対象となる金融商品ではなく，またＪＡカードの推進は金融商品取引法の規制の対象となる金融商品取引でも，農協法11条の２の４で金融商品取引法が準用される特定貯金等契約でもありません。この結果，金融商品販売法９条によってＪＡが定めている勧誘方針の対象でもなく，金融商品取引法40条などに定める「適合性の原則」などの諸規制も直接適用されることはありません。本質問では，推進の相手方がＪＡカードを保持し利用することが適切かという，ＪＡカードの推進に関する「適合性の原則」が問題とされているわけですが，以上のとおりＪＡカードの推進に関しては「適合性の原則」を遵守しなければならないという規制を直接定めた法令はありません。

173

●適合性の原則を遵守して適切な商品を推進

ところで,「適合性の原則」は,上述のように金融商品,特に投資商品の販売等の取引に関して強く遵守が求められる原則であり,ＪＡが一般的に用いている金融商品の「勧誘方針」でも「組合員・利用者の皆さまの商品利用目的ならびに知識,経験,財産の状況および意向を考慮のうえ,適切な金融商品の勧誘と情報の提供を行います。」としてこの原則を盛り込んでいます。また,消費者基本法に事業者の義務として「消費者との取引に際して,消費者の知識,経験,財産の状況等に配慮すること」(同法5条1項)と定められていることからもわかるとおり,利用者の事情を考慮しながら業務や推進を行うことは,今日では金融商品の販売や金融商品取引に留まらず,広く消費者との事業一般に求められる原則です。このことは,ＪＡにとってももちろんあてはまります。ＪＡも利用者の事情に配慮した業務運営が求められており,「適合性の原則」を遵守して利用者に適切な商品を推進することは,法令にその趣旨が定められている取引以外にも広くＪＡの業務全般にあてはまることだと考えられます。

そういう意味で,高齢者などでほとんど外出もしないような方へのＪＡカードの推進にあたっては,本人の意思の確認はもちろん,本人がどのようにＪＡカードを利用するつもりなのかなどもよく相談し,まったく使う見込みもないような方に対し推進することは控えるべきでしょう。

なお,病気や障がいなどで外出が不自由な方であっても通信販売やネット取引,公共料金の引き落としなど,ＪＡカードは幅広い取引に利用可能なので,「使うはずはない」などと即断せず,利用者の事情をよく聞いて相談に乗るなどし,ＪＡカードの便利な機能を説明し活用方法などもアドバイスしながら推進していくことが重要です。

第2章　高齢者との融資取引

12. 意思能力の確認・制限行為能力者との融資取引

質問

組合員のAさんに対する貸出金の担保として、Aさんの父Bさんの所有不動産に抵当権を設定していただくことになりました。ところがBさんは認知症にかかっており発言内容も不明瞭なことがあり、抵当権設定契約を有効に締結できるのか心配です。
どのように対応すべきでしょうか。

実務対応

抵当権設定契約は不動産所有者Bさんと債権者JAとの合意によって成立しますが（民法176条）、Bさんが意思能力を欠く場合や判断能力が著しく不十分の場合には、当該抵当権設定契約は無効となるおそれがあります。したがって、そのような場合には、Bさんとの抵当権設定契約は原則として行うことはできません。

ただし、Bさんが法定後見制度を利用している場合は、保護者である成年後見人との取引や保佐人等の同意を得ることにより、有効に抵当権設定契約を締結することができます。

●意思能力がない場合の対応

Bさんは認知症にかかって発言内容も不明瞭なことがあるとのことですから，まず，Bさんの意思能力があるかの確認が必要です。

(1) 「意思能力」のない者との融資取引は無効

意思能力を欠く者による意思表示は無効とされ（大判明治38・5・11民録11輯706頁），民法に明文の規定はありませんが，当然の前提と解されています。

したがって，成人であっても認知症等により判断能力をまったく失ってしまった高齢者等は，意思能力も欠いていますから，これらの者との貸出取引や担保・保証取引等は無効となってしまいます。

たとえば，高齢者が銀行との間の連帯保証契約に関する書類に署名・押印しても，アルツハイマー型老人性痴呆症（認知症）に罹患していて，社会的，法律的意味を理解する能力を欠いていたときは，右連帯保証契約は無効であり（福岡地判平成9・6・11金融法務事情1497号27頁），アルツハイマー型痴呆（認知症）が中等度進行し，判断能力が事実上皆無であると診断された者が締結した抵当権設定契約は，意思能力を欠いた状態でされたものであって，無効となります（東京地判平成9・2・27金融・商事判例1036号41頁）。

(2) 制限行為能力者との融資取引の方法

したがって，Bさんの意思能力が欠けている場合は，原則としてBさんとの融資取引はできませんが，Bさんが成年被後見人等の制限行為能力者となっている場合は，その保護者である成年後見人を代理人とする取引や保佐人の同意を得ることなどにより，有効に融資取引を行うことが可能となります。

そこで，Bさんが制限行為能力者となっている場合は，法務局で発行される「登記事項証明書」によって，後見，保佐，補助のいずれなのか，また，保佐，補助の場合は同意を要する行為の内容や代理権の有無

12. 意思能力の確認・制限行為能力者との融資取引

等を確認して、適切に対応しなければなりません。

① 成年被後見人との融資取引

Bさんが成年被後見人となっている場合、Bさんは単独では原則として有効な契約ができませんから、同人を融資取引の相手方とすることはできません。成年後見人がBさんの法定代理人としてJAと抵当権設定契約を締結することになります。ただし、成年後見人は、善良なる管理者の注意をもって成年被後見人Bさんの財産の安全管理を行うことが求められ、当該抵当権設定契約が成年被後見人Bさんのために必要な契約かどうかが問題となります。疑義がある場合は、家庭裁判所に相談することを勧めるべきでしょう（民法869条・644条）。

なお、成年被後見人Bさんの住居（土地・建物）についての抵当権設定契約は、家庭裁判所の許可を要することになっており（民法859条の3）、許可のない抵当権設定契約は無効となると解されているので注意が必要です。

② 被保佐人との融資取引

Bさんが被保佐人となっている場合、被保佐人は重要な事項については原則として単独では有効な行為ができません。Bさんとの間で抵当権設定契約を締結するときは、保佐人の同意が不可欠です（民法13条1項2号）。ただし、抵当権設定行為について保佐人に代理権が付与されている場合は、保佐人が被保佐人Bさんの代理人として取引することになります。

なお、当該融資取引がBさんのために必要な契約かどうかの確認のほか、Bさんの住居を担保提供する場合の家庭裁判所の許可については、成年被後見人の場合と同様であり注意が必要です（民法876条の3・876条の5・859条の3・644条）。

③ 被補助人との融資取引

Bさんが被補助人となっている場合、補助人に対して民法13条1項に規定する重要な法律行為のうち借入行為や担保・保証行為等について同

177

意権が付与されている場合があり，この場合にBさんと抵当権設定契約を締結するには補助人の同意が不可欠となります（同法17条1項2項）。

なお，当該融資取引がBさんのために必要な契約かどうかの確認のほか，Bさんの住居を担保提供する場合の家庭裁判所の許可については，成年被後見人の場合と同様であり注意が必要です（民法876条の8・876条の10・859条の3・644条）。

●意思能力がある場合の対応

(1) Bさんの担保提供意思の確認

Bさんの意思能力がある場合は，Bさんの担保提供意思の確認を行って有効に抵当権の設定契約を行うことができます。

ただし，高齢者は財産の管理処分を親族に任せるケースも少なからずあり，内容を理解しないまま親族の言う通りに抵当権設定契約を締結してしまうことも考えられます。したがって，担保提供意思の確認に際しては，実際に面談して担保する主債務の内容や，担保提供した結果発生するBさんの責任の内容など，抵当権設定契約の法律的意味やリスク内容について，Bさんが理解できるために必要な方法および程度による説明と，Bさん自身が正確に理解できたかどうかの確認が不可欠です。

なお，Bさんの意思能力の有無に疑いがある場合は，Bさんに抵当権設定契約を締結する能力がある旨の複数の医師の診断書があれば，有効に契約が締結されたことの有力な立証手段にはなるものと考えられます。

(2) Bさんが自署できない場合

Bさんが自署できない場合は，JAの事務手続に定められた代筆の手続をとり，Bさんの意思にもとづき真正に契約書等に代筆されたことなどが客観的に立証できるようにしなければなりません。

13. 配偶者による入院者を借入名義人とする入院費用ローンの申込

質問

高齢の入院者Aさんの配偶者Bさんが，Aさんの委任状を持参してAさんの代理人として入院費用のローンを申し込んできました。

Aさんの病状等はよくわからないのですが，どのように対応すればよいでしょうか。

実務対応

委任状による代理権の授与については，実はAさんの意思にもとづかない場合があり，これによりBさんの代理権があると信じたとしても，JAの善意・無過失は認められず，Bさんを代理人とするAさんとのローン契約の効力は無効となります。したがって，Aさんに面談して意思能力があること，および借入意思の確認を行うことが不可欠です。また，後日のトラブルに備えて，契約時には医師の立ち会い等を求めるべきでしょう。

解説

●Bを代理人とするA名義ローン契約の効力

(1) 無権代理行為は無効

代理人Bさんによる借入行為であっても，法的に問題がなければ当該借入行為の効力は本人Aさんに及びます（民法99条）。しかし，代理権授与の有無や代理権の範囲などについて，後日になって争いが生じる可能性があります。

たとえば，委任状による代理権の授与が，実はAさんの意思にもとづかないものであった場合は，法律上は「無権代理」ということになり，

179

Aさんが追認しない限り当該ローン契約は無効ということになります（民法113条1項）。

(2) 表見代理の成立

無権代理であっても表見代理が成立することがあります。たとえば，①AさんがJAに対してBさんに代理権を授与したと表示しながら実は授与しなかった場合（民法109条），②BさんがAさんから付与された代理権（たとえば，200万円のローン契約の締結）を越えて300万円のローン契約を締結した場合（同法110条），③Bさんの代理権が消滅した後にBさんが代理人と称して取引した場合（同法112条）があります。

ただし，いずれの場合であっても表見代理が適用されてBさんの行為の効力がAさんに及ぶためには，相手方であるJAがBさんの無権代理について善意・無過失（Bさんが無権代理人であることを知らず，知らないことに過失がないこと）であることが要求されます。

たとえば，BさんがAさんの実印を所持していたことのみでBさんを代理人と信じた場合であれば，JAは善意・無過失とはいえません（最判昭和45・12・15民集24巻13号2081頁）。したがって，委任状のみによってBさんを代理人と信じたとしても，JAの善意・無過失は認められず，Bさんを代理人とする契約の効力は無効であり本人であるAさんには及びません。

後日，Aさんからローン契約についてはBさんの無権代理行為であることを主張され，表見代理についてもJAに過失があり認められず，Aさんとのローン契約が無効となってしまった場合は，無権代理人Bさんに対して，無権代理人としての責任を追及するほかなくなります（民法117条）。したがって，このような事態を未然に防ぐためには，Aさんに面談して意思能力があること，および借入意思の確認を行うことが不可欠です。

●Aの意思能力の有無の確認

本事例のAさんは入院している高齢者ですから，その意思能力がある

13. 配偶者による入院者を借入名義人とする入院費用ローンの申込

かどうかが懸念されます。そこで，Ａさんの意思能力の有無について，ＪＡの担当職員が病院でＡさんに直接面談して確認するとともに，家族への確認のほか医師の診断書により確認します。そして，Ａさん名義でのローン契約締結に関するＢさんへの代理権の授与やその範囲を明確にしたうえで，後日紛争が生じた場合にそれを証明できるようにしておくことが必要です。

(1) 意思能力がある場合

　Ａさんの意思能力があると思われても，高齢者ですから，念のため法務局で発行する「後見に関する登記が行われていないこと」の登記事項証明書の提出を受けておいた方がよいでしょう。なお，この登記事項証明書は，Ａさん自身か４親等内の親族等の関係者しか法務局に交付請求できないので，Ａさんまたは家族等に提出を依頼します。

　また，Ａさんは入院者ですから，融資後短期間で意思能力が減退する可能性を否定できません。そこで，後日契約時の意思能力の有無について紛議が生じるおそれがあるため，契約時には医師の立ち会いを求め，契約時の高齢者の判断能力に問題がなかったことや，契約締結の意思があったことなどについて容易に立証できるようにしておくべきでしょう。

(2) 意思能力がない場合

　Ａさんの意思能力が欠けていると認められる場合は，Ａさんとのローン契約は無効となるおそれがあるため，法定後見制度を利用していただけなければ，原則として取引することはできません。

　なお，Ａさんの推定相続人全員の同意を得る方法は，後日の推定相続人によるトラブル防止策にはなりえますが，後日開き直って無効な行為は無効と主張されない保証はなく，第三者（後順位抵当権者等）によるローン契約無効の主張を防ぐことはできません。

14. 手に障がいのある高齢者との融資取引

質問　ＪＡでは高齢の組合員に貸出をする予定ですが，その組合員は高齢のため手に障がいがあり金銭消費貸借契約書などに署名することができないとのことです。ＪＡはどのように対応すればよいでしょうか。

実務対応　金銭消費貸借契約書等への代筆は基本的には避けるべきです。しかし，意思能力を有しているのであれば，高齢による障がいで文字を書くことができないというような事情がある場合は，事務手続に従い役席者に相談のうえ，推定相続人または保証人予定者の代筆による対応をします。この場合も職員による代筆は行いません。

　また，後日の紛争に備えて，代筆を必要とする事情，本人の意思能力が欠けていないこと，本人が代筆させる意思のあることの確認など，契約書作成時の事情を可能な限り詳細に面談記録に記録しておく必要があります。なお，高齢者との貸出取引では，前提問題として貸出取引自体の妥当性・合理性を検討したうえでの対応であることは当然です。

解説

●金銭消費貸借契約書は本人の自署が原則

１．代筆の検討

　金銭消費貸借契約書は，借入れの事実を証明する重要な書類であり，融資取引が借入者本人の借入意思に

よるものであることの証拠となるものです。このため，金銭消費貸借契約書や抵当権等の担保権の設定契約書などは，本人が自署することが原則です。

しかし，本件のような身体に障がいのある場合には，自署できないことを理由に融資取引を謝絶することはできません。かといってＪＡの貸出である以上，契約書もなく貸出実行することもできないことから，事務手続に従って代筆による契約書の作成を検討することになります。

２．意思能力の確認に留意

代筆は，そもそも借入者本人の署名ではないのですから，後日その貸出取引が本人の意思にもとづいたものではないと主張される可能性があることを十分に認識しておく必要があります。特に高齢者の場合は，契約時点では意思能力があったとしても，その後意思能力を喪失する場合があり，後になって，借入者本人が意思能力を失い「借りた覚えはない」と主張するような場合があります。また，債務を承継する立場にある推定相続人などが，契約当時既に借入者に意思能力がなかったとして債務を否認する場合もあります。

代筆の場合に限らず，取引にあたって意思能力のあることは当然の前提となることですが，高齢者から代筆の申出があった場合には，文字が書けない理由の背後に意思能力の有無の問題が隠れている場合があることに配慮し，代筆の申出を鵜呑みにするのではなく，署名できない理由が何かを慎重に検討する必要があります。

そこで，高齢者から代筆の申出があった場合には，ＪＡ職員自らが必ず本人に面談して意思能力の有無を確かめることが必要です。その結果，意思能力が欠けているようであれば，そのまま契約にいたると後日金銭消費貸借契約の無効を主張される可能性があることになります。したがって，意思能力が欠けていると疑われる場合や意思能力があると確信が持てない場合には，成年後見制度の利用により成年後見人との取引行うか，それが不可能であれば取引は謝絶するということにならざるを

えません。

　また，高齢者の場合，手の震えなどがあって文字を書くことに難渋し乱れのある文字になる場合があり，このような場合にも「文字が書けない」という理由で代筆を依頼される場合があります。

　しかし，すでに述べたとおり金銭消費貸借契約書は，借入者本人の借入意思を本人が自署することによって証明しようとする重要な書面であり，多少の乱れはあったとしても判読できる範囲であれば，本人の自署を依頼すべきです。そして，最後に本件の場合のような，高齢で手の機能に問題があるようなケースですが，この場合には，真に手の機能に障がいがあり文字が書けないということであれば，意思能力があるということを前提に，事務手続に従った代筆による契約も検討することができます。

●代筆による契約書の作成を依頼された場合の対応

　高齢の借入者から，障がいを理由に代筆により契約書を作成したいと依頼があった場合は，次のような取扱いを事務手続に定め，これに従って対応します。

　①　契約後，借入者が意思能力を欠いていたと主張するのは，保証人や高齢者の債務を承継することになる推定相続人であることが多いと思われます。このことから，代筆による契約書作成の段階で，保証人予定者や推定相続人を契約関係に関与させておけば，事実上後の意思能力の欠缺の主張を封じるためには合理的であると思われます。したがって，金銭消費貸借契約書への代筆を認める場合も，返済義務を承継する可能性のある推定相続人（配偶者および2親等以内の親族）または保証人予定者に代筆を依頼します。

　また，融資取引の場合，職員による代筆には双方代理類似の問題があり，後日万一金銭消費貸借契約の無効を主張された場合のリスクは大きいことから，ＪＡ職員による代筆は行うべきではありません。

　②　代筆による契約書の作成は，代筆者の氏名を本人確認により確認

14. 手に障がいのある高齢者との融資取引

することができる場合であって借入者本人から代筆者の氏名および本人との関係を聞き取りにより確認できる場合に行い，代筆者が推定相続人等であることが確認できない場合は取引を行わないものとします。

③　契約内容を説明する際には，本人にはもちろんのこと代筆者にも理解できるように留意し，借入申込，契約時の意思確認にあたっては，本人への確認に加え，代筆者にも本人に借入の意思があることの確認を求め，代筆内容を確認します。

④　代筆による場合は後日関係者との間で紛争の起こる可能性があることから，必ず「面談記録」を作成し，契約内容の確認をした事実，代筆を必要とする事情，本人の意思能力があること，本人が代筆させる意思のあること，代筆者も本人の意思確認，代筆内容確認したことなどを確認した事実，同席者など契約書作成時の状況などを可能な限り詳細に記録します。

⑤　以上の手続は，複数の職員で対応のうえ，立ち会った職員は本人および代筆者が説明内容について理解したことを確認します。

●融資取引自体の合理性・妥当性に留意

なお，高齢者との融資取引については，代筆による取引の可否以前の問題として，高齢者との融資取引自体について，資金需要は妥当なのか，返済財源となる収入が将来にわたって継続して確保できるのかなど，その資金需要，返済財源の妥当性・合理性の検討が必要であることを付言します。

185

第2編　高齢者取引／第2章　高齢者との融資取引

¶　成年後見制度の利用

　意思能力が欠けている高齢者との取引を法的に問題なく行うには，現行法上は成年後見制度を利用し，法定代理人である成年後見人との間で取引するしかありません。この成年後見制度の利用は制度発足の当時より進んでいるようですが，なお家族等の抵抗感もありすべてのケースで利用できるという状況ではないようです。

　意思能力が欠けている高齢者が取引先である場合，近親者が近所に居住しているような場合には近親者関与のうえで取引を行うなどの便法も考えられますが，近親者・推定相続人などが遠方で生活し日常的に高齢者の面倒を見るわけにも行かないようなケースでは，形式論で成年後見人がいない以上取引はできませんとして日常的な貯金取引を停止するなどということは，人道上の見地からもできることではありません。そのため，窓口では貯金者の意思能力が低下していると感じながらも，取引を継続せざるをえない場合があります。このような，いわば「成年後見制度の隙間に取り残された高齢者」との貯金取引は，後に意思能力の欠缺を主張されるかもしれない状況で，ＪＡのリスク負担において，便宜的対応としてやむをえず貯金の払戻し等の取引に応じているというのが現状でしょう。

　では，ＪＡとして身を守る手段はないのかですが，このような場合に貯金者の意思能力の欠缺を主張することがあるのは，後に続く相続のことを考えれば大部分が推定相続人ということになるでしょう。そこで，まずは放置せずに推定相続人に連絡を取ってみること（極めて微妙な問題であり細心の注意を払う必要があることはもちろんですが），そのうえで日常的な貯金取引については継続することについて推定相続人から了解を得ておくことなどを心掛けておけば，推定相続人等との問題発生の予防はもちろん，問題が発生したとしても事前の接触があるとないとでは大いに違いがあります。また，遠方の推定相続人などはお盆や暮れの帰省シーズンにＪＡに相談を持ちかけることもあるので，機会を逃さないことが大切です。

15. 保証意思の確認と
　　　保証履行時の保証否認

質問

貸出先Aさんが破産手続開始決定を受けたため，高齢の保証人Bさん（Aさんの知人）に対して保証履行を請求したところ，Bさんの家族から，契約締結時のBさんは認知症に罹患しており中等度進行していたので，保証契約締結の判断能力は皆無であり無効であると主張されました。

どのように対応すべきでしょうか。

実務対応

契約締結時のBさんの判断能力が皆無である場合は，契約書上の筆跡がBさんのものであっても保証契約は無効であり，Bさんに対する保証履行請求はできません。したがって，高齢者Bさんが保証人となる場合は，あらかじめBさんの判断能力の有無を慎重に確認することが不可欠です。

●保証否認への対応

解説

(1) 保証契約と本人確認

保証否認が主張される原因の多くは，本人確認や意思確認が十分にできていないことにあります。ただし，本人確認といっても，精巧に偽造された運転免許証などの公的証明書や顔写真のない健康保険証による本人確認のみでは，替え玉などには無力です。場合によっては，たとえば契約締結前に本人に了解を得て保証人の勤務先や自宅に訪問して，事前に，保証人本人の確認のほか，素

性や信用状態の調査を行うことも検討すべきでしょう。

(2) 保証契約の意思確認

保証意思を否認されて保証契約が無効となってしまうと，ＪＡは当該保証人に対して何らの請求もできなくなります。そこで，保証否認されないための措置を講じて，保証意思の確認を確実に行うことが必要です。

保証意思の確認に際しては，被保証債務の内容，保証人は普通保証人ではなく連帯保証人であること（民法454条），連帯保証人には催告の抗弁（同法452条）や検索の抗弁（同法453条）のほか分別の利益（同法456条）が認められないこと，債務者が期限の利益を喪失すると直ちに保証履行請求される立場にあること，等について保証人Ｂさんの知識，経験等に応じて（適合性の原則に従って）説明し，代位弁済をせざるをえない場合などの最悪のシナリオについて，具体的にわかりやすく説明しなければなりません。

そして，説明内容を理解できているかを確認するとともに，その過程において，保証人Ｂの判断能力の有無の確認も怠らないようにしなければなりません。判断能力のない保証人との保証契約は無効となるためです。

(3) 契約書面上への保証人の自署・押印と保証意思確認記録の作成

保証人に保証意思があることを確認した後に，保証契約書に被保証債務の内容を保証人本人が記載したうえで，自署・押印しなければなりません。保証契約は，書面によらなければその効力が生じないためです（民法446条2項）。

また，保証人が記載すべき内容について保証人以外の者が代筆すると，保証内容の否認を招くおそれがあるので，絶対に避けなければなりません。

やむをえず保証人との面談によらないで書面のみにより対応した場合でも，可及的速やかに保証人本人に面談して，保証意思について必ず再

確認しておくことが必要です。

　なお，契約内容の説明を確実に行い，契約意思を適正に確認するためには，保証契約について要点説明書を準備して，当該書面に従い説明することが効果的です。そして，契約締結後，保証契約書の写しと要点説明書を保証人に交付します。

　なお，保証意思確認のために説明した内容や質疑応答のやりとりについては，後日のトラブルに備えるため，できる限り克明に記録に残しておくようにします。

　また，保証意思について疑義が生じた場合は，そのつど保証意思の再確認手続をとるべきです。なお，借入残高や保証債務残高，被担保債務残高の定期的な残高報告による間接的な意思確認も，後日のトラブルを防止するうえで有効です。

●契約締結時に判断能力を喪失していた場合

　たとえば，保証人Ｂさんがアルツハイマー型老人性痴呆症（認知症）に罹患しており，病状が中程度進行しているためにＢさんが保証契約の社会的法律的意味を理解する能力を欠く場合は，保証契約は不成立ないし無効となります（福岡地判平成９・６・11金融法務事情1497号27頁，東京地判平成９・２・27金融・商事判例1036号41頁）。

　したがって，高齢者Ｂさんと保証契約を締結する場合は，当該保証人Ｂさんの判断能力の有無について，本人との様々な対話のほか，家族との日常会話等の中から情報収集してあらかじめ確認しておくことが必要です。

16. 融資実行後の認知症の発症

融資先のAさんが認知症を発症して入院し症状は中等度進行しているとのことで，後継者である長男Bさんから Aさんとの融資取引を引き継ぎたいとの申出がありました。また，担保はAさん所有の自宅に対する根抵当権ですが，この根抵当権を担保にしてBさん名義で借入の申出がありました。
どのように対応すればよいでしょうか。

実務対応
AさんとのふうしかんをBさんが引き継ぐ方法としては重畳的債務引受などが考えられます。また，Bさんが根抵当権の債務者となっていない場合は，Bさんを債務者として追加登記しなければBさんへの貸出を担保できません。また，適法に追加登記等を行うためには，Aさんについて成年後見開始の申立を行い，選任された成年後見人によって手続を行ってもらうほかありません。

解説
●債務者の意思能力の喪失と貸出債権の効力・保全
JAが健常者Aさんに対して有効に貸出を実行し約定弁済等がなされていたところ，Aさんが意思能力を喪失したとしても，いったん有効に成立した貸出債権の効力に影響はありません。
しかし，貸出債権はAさんという人に対する権利ですから，意思能力

の喪失により収入の道が閉ざされ返済面で支障をきたすおそれがあります。ただし，貸出金の約定弁済についてＡさんの預金口座からの口座振替で行っていた場合は，口座振替を委任契約と解する立場であっても意思能力の喪失は委任の終了事由とはならないので，引き続き口座振替は継続することができます。

　債務者Ａさんの回復見込みがないのであれば，Ａさんに対する貸出金等の返済も支障をきたすことになるため，事業を継続する意思のある後継者Ｂさんに債務引受等の手続を要請する必要があります。しかし，Ａさんの意思能力が認められないため，Ａさんの承諾が不可欠である免責的債務引受契約は有効に行うことはできません。したがって，Ａさんの承諾を要しない重畳的債務引受契約をＢさんと締結することによりＢさんによる実質的な債務承継が可能となります。ただし，Ｂさんのこの引受債務を根抵当権で担保するためには，根抵当権の被担保債務の範囲に当該引受債務を追加登記する必要があります。

●根抵当権設定者の意思能力喪失と債権保全策

　根抵当権等の物権は，物に対する権利であり，根抵当権設定者であるＡさんに対する権利ではありません。したがって，根抵当権設定者Ａさんが意思能力を喪失したとしても，すでに有効に成立している根抵当権の効力には何ら影響はなく，また設定者Ａさんの能力喪失は根抵当権の元本確定事由でもないため根抵当権の元本は確定しません。

　したがって，根抵当権の債務者がＡさんおよびＢさんとなっている場合は，Ｂさんに対する新規貸出は当該根抵当権で担保されます。しかしながら，Ｂさんが根抵当権の債務者となっていなければ，Ｂさんへの新規貸出はこの根抵当権では担保されません。そこで，Ａさんに対する貸出金等を担保したままＢさんに対する新規貸出を担保させるためには，根抵当権の債務者にＢさんを追加する「債務者の追加的変更登記」をする必要があります。

●成年後見開始の申立の必要性

　しかし，Aさんの能力喪失後に，Aさんの委任状などの書類を整えて当該根抵当権の変更登記等の処分行為を行った場合は，後日，後順位根抵当権者などから，意思能力のない者による変更登記であるとして無効と主張されるおそれがあります。

　そこで，このような場合に，Bさんの引受債務を根抵当権の被担保債務に追加登記したり，債務者Bさんを追加する根抵当権の変更登記を適法に行うためには，Aさんについて成年後見開始の申立を行い，選任された成年後見人によって手続を行ってもらうようにするほかありません。なお，この場合，Aさんの自宅が担保となっている場合は，家庭裁判所の許可が不可欠です（民法859条の3）。もしもこの許可を得ないで変更登記を行ってしまった場合は，当該変更登記は無効となるおそれがあります。

17. 賃貸住宅ローン融資の注意点

質問

組合員である高齢者のAさんから，賃貸住宅建設のため賃貸住宅ローンの借入申出がありました。
高齢者に対する賃貸住宅ローンの融資に際して，どのような点に注意すべきでしょうか。

実務対応

まず，高齢者Aさんの判断能力の有無に十分注意することが必要です。判断能力が欠けている場合は，原則として賃貸住宅ローンの取扱いはできません。

判断能力が欠けており成年後見制度を利用する場合は，成年被後見人の居住用不動産を賃貸住宅とする場合は家庭裁判所の許可が不可欠であり（民法859条の3：許可なしの抵当権設定契約等は無効），居住用不動産以外の許可を要しない不動産であっても，賃貸住宅ローンの取扱いについて，後日の裁判所の監督により原状回復を求められることもあるので，慎重な対応が必要です。また，後見監督人が選任されている場合は，後見監督人の同意を得なければならないことになっています（同法864条）。

解説

●高齢者に対する賃貸住宅ローン取扱上の留意点
(1) 判断能力が欠けている場合
高齢者に対する賃貸住宅ローン取扱上の留意点としては，まず，当該高齢者の判断能力の有無に十分注意

193

することが必要です。判断能力が欠けている場合は，原則として賃貸住宅ローンの取扱いはできません。

　判断能力が欠けている場合に，当該高齢者について成年後見開始の申立を行い，選任された成年後見人を代理人として賃貸住宅ローンを取り扱うことがありますが，特に以下の点に注意が必要です。

　まず，賃貸住宅ローンがもっぱら成年被後見人である高齢者のためであるかどうかの判断が必要です。たとえば，その目的が相続税対策である場合は，高齢者のためというより相続人のためという色彩が強いと考えられます。また節税対策として行われる場合は，節税というプラス効果よりも賃貸住宅の物件価値の下落や立地条件の悪化等に伴う賃貸収入の減少リスクといったマイナス効果のほうが大きくなるおそれがあり，結果として高齢者が損害を被るおそれがあります。

　このような場合，後日の家庭裁判所による監督により，最悪の場合は不適切な後見事務であるとして，原状回復を命じられるおそれがあります。また，後見監督人が選任されている場合は，後見監督人の同意を得なければならないことになっています（民法864条）。したがって，成年後見人による賃貸住宅ローンの申込があった場合は，まず，当該ローンがもっぱら成年被後見人のためになるかどうかを判断しなければなりません。そして，この点に疑義がある場合は，ＪＡとしては取り扱うべきではないでしょう。

　なお，賃貸住宅とする不動産が成年被後見人である高齢者の居住用不動産の場合は，抵当権の設定等について，家庭裁判所の許可が不可欠となっており，これに反すると抵当権設定契約等は無効となってしまうので注意が必要です（民法859条の３）。

(2)　判断能力がある場合とリスク

　判断能力があったとしても，当該高齢者がローンの最終期日まで返済を継続できないリスクが高いこと，つまり，返済途上で相続が開始する確率が高いことを念頭に置いておくことが必要です。また，脳梗塞や認

知症の発症などにより，返済途上で判断能力が欠ける常況となったり，著しく不十分となるおそれがあります。

　この場合は，当該高齢者の家族等に成年後見開始の申立をしていただき，選任された成年後見人等に賃貸住宅の管理やローンの返済手続等を行っていただくようにすべきでしょう。

　　　　●担保不動産収益執行制度と物上代位のメリット・デメリット
　賃貸住宅ローンが不良債権となった場合の賃貸住宅に対する担保権の実行方法としては，担保不動産（賃貸住宅）の競売による方法に加え，担保不動産収益執行（賃貸住宅から生じる賃貸料等の収益を被担保債権の弁済に充てる方法による不動産担保権の実行）の方法が定められています（民事執行法180条2号）。このほか，物上代位による差押えという方法もありますが，これらの手続については以下のようなメリット・デメリットがあるので，事案に応じて適切な方法を選択して対応すべきです。

(1)　物上代位による賃料差押えとメリット・デメリット

　たとえば，賃貸住宅そのものについて競売手続が進行している場合でも，当該競売の結果抵当権が消滅するまでは，賃料債権に対しても，抵当権を行使（つまり，物上代位権を行使）できます（最判平成元・10・27金融・商事判例838号3頁，民集43巻9号1070頁）。

　この物上代位は，簡易で迅速，かつ賃料を全部押えることができるというメリットがある反面，不動産管理費用を残さないという問題点があります。また，物上代位権者には抵当不動産の管理処分権はなく，抵当権設定者（債務者）が賃貸人として目的不動産の管理にあたることに変わりがないため，収益を得られなくなった債務者が目的不動産の管理を怠り，建物等が荒廃することにより賃借人が減少し，さらには新たに賃借人を入居させることも期待できないため，十分な回収が得られなくなる事態を招くおそれがあります。

　以上のように，物上代位には簡易で迅速，かつ賃料を全部押えること

ができるというメリットがある反面，賃料収入がじり貧となるおそれがあること，管理者不在のため建物等が荒廃するおそれがあることや，管理費用も含めて全部債権者の回収に充当する扱いとなった場合（執行裁判所によっては管理費用を除く場合もあります）は，ＪＡが自己の債権回収だけを優先しているとして社会的責任を問題にされかねない面があります。

(2) 担保不動産収益執行制度のメリット・デメリット

これに対し，収益執行制度を選択した場合は，債務者に代わって管理人が目的不動産の管理を行い，収益が上げられるよう賃借人の募集を行ったりするため，物上代位と比べて目的不動産の荒廃・賃借人の減少という事態を回避できます。また，アパート全体を管理人に管理させて，管理人の報酬などの管理費用を差し引くことになるので，物上代位の方法に比べて管理人選任上の手間暇の問題や経費分だけ回収額が少なくなるというデメリットがあります。しかしながら，担保不動産収益執行による強制管理手続は，収益からの債権回収以外の目的，たとえば，管理人に抵当不動産を管理・占有させることにより，抵当権設定者等による担保価値減少行為や第三者による不法占有を防止・排除する，などの副次的効果が期待できるので，この点も債権者のメリットと位置づけることができます。

したがって，賃料からの回収が長期間にわたるような場合であれば，基本的には収益管理の方法で回収を図る方がよいであろうし，物上代位固有の問題が表面化する前に短期間で決着がつくような場合は物上代位の方法で迅速に回収する方が適しているといえます。いずれにしても，個々の具体的な事例に即してどちらの方法をとるべきかを検討すべきです。

第3章　高齢者との経済取引

18. 高額な購買品の高齢者への推進上の注意点（クーリング・オフ）

質問

70歳を超えるＪＡ組合員（以下組合員）の家族の方から、ＪＡに対して以下の内容の苦情電話がありました。

「父は最近、認知症的な行動が目立つようになっている。外見では感じないが、家族としては心配している。先日、ＪＡの購買業務を代行している健康器具業者がわが家に推進にきて、父は50万円もするマッサージ器の購入契約をしていたことがわかった。契約は解除して欲しい。

ＪＡは一般の業者とは違うはずだ。組合員に対する責任もあるし、高額な品物を高齢者に推進する場合は、十分注意して欲しい。」

同様なトラブルの発生を未然に防ぐためには、どのようなことに留意すべきなのでしょうか。

実務対応

法律は購入者保護の立場でつくられており、一般的には、本事例のケースでは購入契約を解除することが妥当と考えられます。第一に、組合員・利用者本人が民法でいう「意思能力に欠ける人（制限行為能力者）」としての疑いがあること、第二に、ＪＡの代行推進とはいえ、組合員・利用者への訪問

販売によって購入契約がなされていることによります。

　なお，トラブルの再発防止策としては，高額な購買品を組合員・利用者に供給する場合の留意点をJA内で整理し，従業員間での共通の認識化を図っておくことが求められます。供給に際して，組合員・利用者の家族の同意を求めることを確認項目としてあげておくことも必要です。とりわけ，代行推進に関しては，トラブル回避策として明確なルールづけが求められます。

●クーリング・オフとは

【解説】特定商取引に関する法律は，民事ルールとして「クーリング・オフ」を認めています。

　「クーリング・オフ」とは，申込または契約後に法律で決められた書面を受け取ってから一定の期間，消費者が冷静に再考して，無条件で解約することができる制度です。

　訪問販売・電話勧誘販売・特定継続的役務提供においては8日間，連鎖販売取引・業務提供誘引販売取引においては20日間契約を解除することができます。

　なお，通信販売には，クーリング・オフに関する規定はありません。

●クーリング・オフに準じた取扱いが妥当

　JA購買事業に関しては，特定商取引に関する法律26条（適用除外のイ：特別の法律にもとづいて設立された組合並びにその連合会および中央会）に該当すると判断されます。法的にはクーリング・オフ制度の対象とはななりませんが，法令の主旨を理解し，かつJAの設立趣旨，組合員・利用者との関係を考慮すれば，クーリング・オフ制度に準じた扱いをすることが妥当です。

●基本的留意事項

　なお，高額な購買品の高齢者への推進にあたり，基本的には以下の留意事項を遵守することにより，組合員・利用者とのトラブルは回避され

18. 高額な購買品の高齢者への推進上の注意点（クーリング・オフ）

ます。法令の主旨を理解し、以下の事項に留意してください。

1．重要事項の確実な伝達（民法95条）

組合員に、お買い上げにあたって重要なことは、明確に伝えます。

買主（組合員・利用者）の不注意による勘違いがあった場合、購入を決断させたその責任は、売主（ＪＡ）側にあります。「重大な勘違いがあった」と買主が申し出れば、契約は即無効と判断されます。

2．組合員の意思・理解の確認（民法120条1項）

高齢の組合員・利用者への供給については、その組合員の意思が明確になされるかを見極めて、対応することが大切です。

民法では、高齢などによって「意思能力に欠ける人」を「制限行為能力者」として保護し、「制限行為能力者」の法律行為は取り消されます。そのことを知らずにＪＡが購買品を組合員・利用者に供給したとしても、売買契約は成立しなくなります。

高齢の組合員・利用者に購買品を供給する場合、上記内容を常に考慮し、相手の意思を確認しておくことが大切です。対象となる組合員・利用者の家族に一声かけて同意を得ておくこともトラブルを回避させることにつながります。

3．売買契約成立の確認（民法97条1項・526条1項）

購買品の売買契約は、組合員の購入申込意思の表示とＪＡの承諾の意思により成立します。「購入申込書」という書面の形にすることが必要です。

4．不当な優位性表示による誘因取引の禁止（景品表示法4条）

価格表示にあたっては、実際に存在しない価格の優位性を訴えてはいけません。

「不当顧客の誘引」とみなされる例
・実際の供給価格よりも高い価格を「通常価格」と表示する
・メーカー希望価格が存在しないにもかかわらず、任意設定し、二重価格表示する

・競争事業者の価格を実際より高い価格で表示する

(ＪＡ全農資料を基に加筆作成)

●代行推進に関する留意事項

　１．「代行」とは，あくまでも本来ＪＡが行うべき推進機能を指定業者が担っているものであり，契約行為・代金回収行為等を指定業者が行うことはできません。しかしながら，組合員からみれば，ＪＡの「代理」とみなされ，あくまでもＪＡの行為とし認識されています。

　したがって，代行推進に関しては，指定業者を交えた円滑なコミュニケーションの下で推進に関わる手順書を作成し，手順書に即した業務遂行にあたり，トラブルの未然防止に努めることが大切です。

　２．手順書には，高齢組合員・利用者への対応として，購入契約に際しては，家族の同意を確認することを盛り込むことがベターです。

　以上述べてきた基本的留意事項ならびに代行推進に関する留意事項については，すべての組合員・利用者に供給するＪＡ取扱い購買品の推進全般に共通する留意点であることを常に意識して対応していくことが大切です。

18．高額な購買品の高齢者への推進上の注意点（クーリング・オフ）

〈ＪＡにおける代行推進員の遵守事項例〉

ＪＡ代行推進員の遵守事項

　ＪＡ代行推進員は，ＪＡ役職員の業務代行として下記の遵守事項に従い，商品提案活動に従事すること。

記

1．ＪＡ代行推進員は，「身分証明書」を所定の位置（左胸）に着用し，商品提案活動にあたること。
2．組合員宅への訪問に際して，身分（社名，氏名）を明確にすること。
3．提案商品はＪＡの許可した商品のみに限定すること。
4．商品内容をＪＡ組合員が十分理解できるよう丁寧に商品説明をすること。
5．推進期間中は，毎日ＪＡへ朝夕の挨拶を励行すること。
6．ＪＡ組合員との注文に際しては，所定の購入申込書を使用すること。
7．購入者が70歳以上の場合，世帯主または生計を別とする方の同意を得ること。
8．事前にＪＡと協議のうえ決定した「支払方法・回数・価格」を厳守すること。
9．購入申込書は受注後速やかにＪＡへ提出し，ＪＡの確認印を押印してもらうこと。
10．推進期間中は，毎日の推進業務終了後に，推進内容を「ＪＡ代行推進活動日報」によりＪＡに提出し報告を行うこと。
11．注文商品（工事）は，ＪＡ組合員の希望日に納品（施工）にすること。
　　やむをえず遅れる場合は，事前にＪＡおよび購入者に連絡すること。
12．置き売り・預け売り・未納売上は，絶対に行わないこと。
13．現金回収はいっさい行わないこと。
14．キャンセル引き上げは速やかに行うこと。
15．ＪＡの許可がない限り夜間推進は実施しないこと。
16．礼儀礼節をわきまえ，言葉遣い・ドアの開閉等に注意すること。
17．組合員の身体にむやみに触れないこと。やむをえない場合にあっても，必ず許可を得てから触れること。
18．組合員宅で1時間以上の長時間滞在は行わないこと。
　　（商品説明，注文に関わる時間は除く）
19．組合員が迷惑顔をした場合には十分に謝罪して早急に退出すること。
20．多忙中・仕事中・食事中の時は，再訪問のお約束を頂き早急に退出すること。
21．クレームが発生した場合には，早急にＪＡに連絡をとり対応にあたること。
22．業務で得た組合員に関わる個人情報は，ＪＡ代行推進以外の目的で使用をしないこと。
23．推進期間終了後，組合員名簿等個人情報に関する資料はＪＡに返却すること。
24．推進期間終了後，「ＪＡ代行推進結果報告書」をＪＡに提出すること。

第2編　高齢者取引／第3章　高齢者との経済取引

〈JAにおける代行推進使用購入申込書例〉

①お客様控

申込日：平成　　年　　月　　日

購入申込書

フリガナ				組合員
ご購入者氏名	様　㊞　（　　歳）			一般
ご住所	〒　－　　　　　　　　　TEL　　（　　）			
同意者	ご家族 ご署名　　　　　　　　　　　様 ※70歳以上のご購入申込みの方には、ご家族の方の同意をお願い致しております			
ご購入明細	品名・機種名	数量	金額	
				円
	付属品	数量	金額	
				円
	その他	数量	金額	
				円
	消費税			円
	合計金額			円
支払条件	□：現金一括払い（集金） □：口座引き落し（□一括　　□分割　　　回） □：クレジット　会社名　（　　　　　　　　　　　　） 　　　　　　　　支払回数（　　　回） □：その他　　（　　　　　　　　　　　　　　　）			
納品予定日	年　　月　　日（　　曜日）　　　時頃			
お客様の個人情報の取扱いについて	ご記入いただいた個人情報は申込商品の受付け、商品等の配送、その他契約の締結・履行、費用・代金の請求・決済、当組合の提供する商品・サービスに関する各種情報のご提供等に利用します。			

取扱JA名	TEL	
JA責任者	㊞	JA同行者 (推進員と同行の場合)　㊞
取扱社名		推進員　　　　　　㊞

☆推進員はJA指定の身分証明証を着用しています。
☆裏面をご覧下さい。

申込書管理No　　　　－

資料

《資　　料》

〈相続順位〉

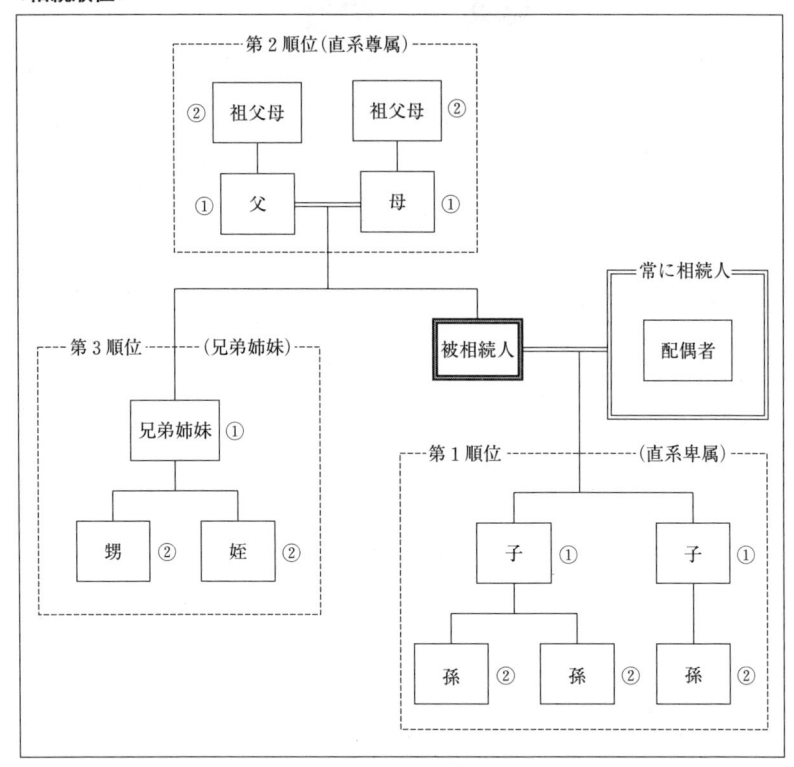

```
        ┌──────第2順位(直系尊属)──────┐
        │  ②┌──┐     ┌──┐②      │
        │   │祖父母│     │祖父母│       │
        │   └─┬┘     └┬─┘       │
        │   ①┌┴─┐──┌─┴┐①      │
        │    │ 父 │  │ 母 │        │
        │    └─┬┘  └┬─┘        │
        └──────┼────┼──────┘
               │    │          ┌═常に相続人═┐
               │    │   ┌───┐ ║  ┌──┐  ║
               │    └───│被相続人│══║  │配偶者│  ║
               │        └───┘ ║  └──┘  ║
  ┌─第3順位─(兄弟姉妹)─┐      └═══════┘
  │   ┌────┐①    │            │
  │   │兄弟姉妹│     │    ┌─第1順位────(直系卑属)─┐
  │   └──┬─┘     │    │         │          │
  │  ┌──┴──┐    │    │    ┌──┐①  ┌──┐①  │
  │ ┌┴┐②  ┌┴┐②│    │    │ 子 │   │ 子 │   │
  │ │甥│   │姪│  │    │    └┬─┘   └┬─┘   │
  │ └─┘   └─┘  │    │  ┌──┴┐  ┌─┴──┐  │
  └───────────┘    │ ┌┴┐②┌┴┐② ┌┴┐②│
                          │ │孫│  │孫│   │孫│ │
                          │ └─┘  └─┘   └─┘ │
                          └────────────────┘
```

〈相続分と遺留分〉

		配偶者のみ	直系卑属のみ	直系尊属のみ	兄弟姉妹のみ	配偶者と直系卑属	配偶者と直系尊属	配偶者と兄弟姉妹
配偶者	相続分	全部				1／2	2／3	3／4
	遺留分	1／2				1／4	1／3	1／2
直系卑属 （子）	相続分		全部			1／2		
	遺留分		1／2			1／4		
直系尊属 （親）	相続分			全部			1／3	
	遺留分			1／3			1／6	
兄弟姉妹	相続分				全部			1／4
	遺留分				－			－

《資　　料》

〈相続人確認表〉

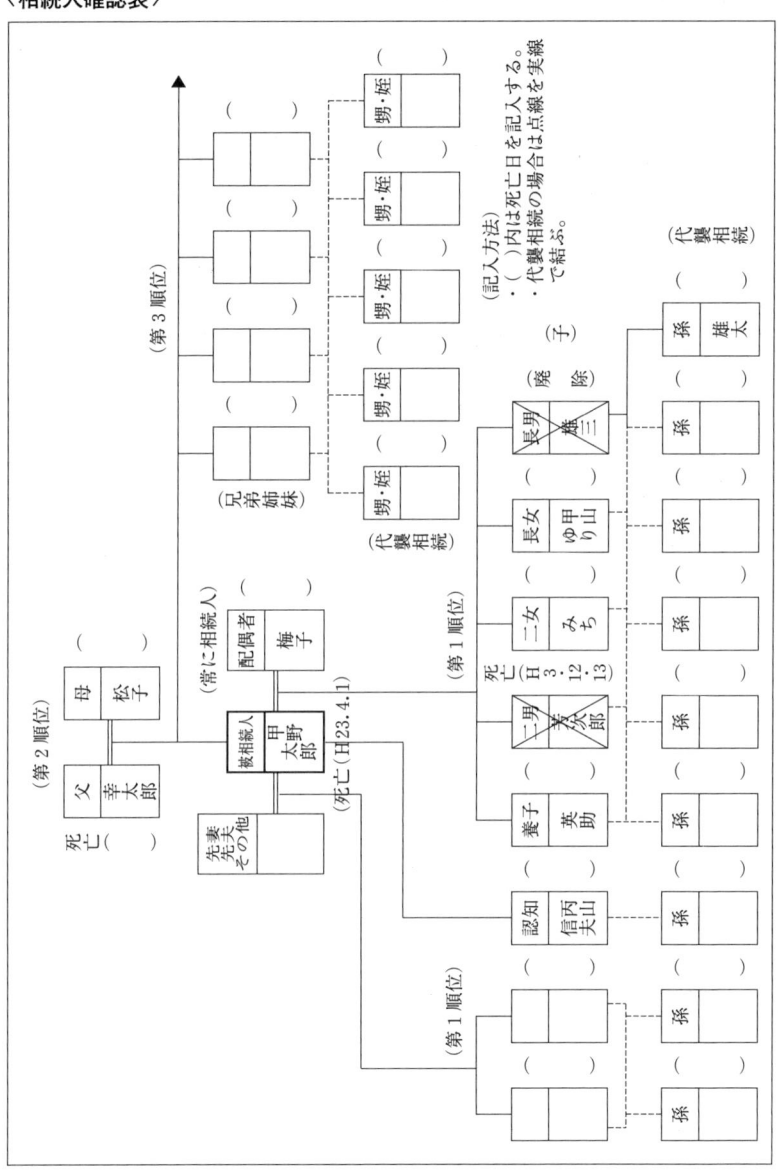

(記入方法)
・（　）内は死亡日を記入する。
・代襲相続の場合は点線を実線で結ぶ。

(銀行研修社「第二版　相続預金取扱事例集」37頁を参考に作成)

205

《資　料》

〈戸籍全部事項証明書（戸籍謄本）例１〉　　　　（２の１）　　全部事項証明

本　　籍 氏　　名	東京都千代田区平河町一丁目10番地 甲野太郎
戸籍事項 　戸籍改製	【改製日】平成11年１月１日 【改製事由】平成６年法務省令第51号附則第２条第１項による改製
戸籍に記録されている者 　　　除　　籍	【名】　太郎 【生年月日】昭和19年６月21日　　　【配偶者区分】夫 【父】甲野幸太郎 【母】甲野松子 【続柄】長男
身分事項 　出　　生	【出生日】昭和19年６月21日 【出生地】東京都千代田区 【届出日】昭和19年６月25日 【届出人】父
婚　　姻	【婚姻日】昭和46年１月10日 【配偶者氏名】乙野梅子 【従前戸籍】東京都千代田区平河町一丁目４番地　甲野幸太郎
死　　亡	【死亡日】平成23年４月１日 【死亡時分】午前11時30分 【死亡地】東京都千代田区 【届出日】平成23年４月１日 【届出人】親族　甲野雄三
戸籍に記録されている者	【名】　梅子 【生年月日】昭和20年１月８日　　　【配偶者区分】妻 【父】乙野二郎 【母】乙野春子 【続柄】長女
身分事項 　出　　生	【出生日】昭和20年１月８日 【出生地】京都府京都市上京区 【届出日】昭和20年１月10日 【届出人】父
婚　　姻	【婚姻日】昭和46年１月10日 【配偶者氏名】甲野太郎 【従前戸籍】京都府京都市上京区小山初音町18番地　乙野梅子

発行番号　△△00－00689　　　　　　　　　　　　　　　　　　　　　以下次頁

《資　料》

(2の2) | 全部事項証明

戸籍に記録されている者	【名】英助 【生年月日】平成3年5月1日 【父】乙川孝助 【母】乙川冬子 【続柄】二男 【養父】甲野太郎 【養母】甲野梅子 【続柄】養子
身分事項 　出　　生	【出生日】平成3年5月1日 【出生地】東京都千代田区 【届出日】平成3年5月6日 【届出人】父
養子縁組	【縁組日】平成5年1月17日 【養父氏名】甲野太郎 【養母氏名】甲野梅子 【代諾者】親権者父母 【送付を受けた日】平成5年1月20日 【受理者】大阪市北区長 【従前戸籍】京都市上京区小山初音町20番地　乙川孝助
	以下余白

発行番号　△△00-00689

　これは，戸籍に記録されている事項の全部を証明した書面である。

平成23年4月6日

　　　　　　　　　　　東京都千代田区長　　　○○　○○　㊞

《資　料》

〈改製原戸籍謄本例（1）〉

改製原戸籍　平成六年法務省令第五十一号附則第二条第一項による改製につき平成拾壱年壱月壱日消除㊞									
本　籍						東京都千代田区平河町一丁目四番地			十番地
転籍届出㊞	昭和五拾七年参月六日平河町一丁目十番地に								
籍㊞	昭和四拾六年壱月拾日編製㊞	昭和九年六月弐拾壱日東京都千代田区で出生同月弐拾五日父届出入	昭和四拾六年壱月拾日乙野梅子と婚姻届出東京都千代田区平河町一丁目四番地甲野幸太郎戸籍から入籍㊞	平成五年壱月拾七日妻とともに乙川英助を養子とする縁組届出同月弐拾日大阪市北区長から送付㊞	平成拾年壱月七日千葉市千葉町五番地丙山竹子同籍信夫を認知届出㊞				
						氏　名		甲野　太郎	
						父	亡甲野幸太郎		
						母	松子		
							長男		
						出生	昭和拾九年六月弐拾壱日		
						夫	太郎		

(改製原戸籍謄本例(1)～(5)については，「新版　相続における戸籍の見方と登記手続」（日本加除出版）を参考に作成)

208

《資　料》

〈改製原戸籍謄本例（２）〉

	付同市広坂一丁目一番地に夫の氏の新戸籍編製につき除籍㊞	平成九年参月六日丙野桜子と婚姻届出同月拾日石川県金沢市長から送付	平成八年参月拾参日大阪市北区長から送付㊞	昭和四拾六年拾壱月弐日東京都千代田区で出生同月拾日父届出入籍同月弐拾日父届出同月弐拾日父届出同月弐拾日父甲野太郎の推定相続人廃除の裁判確定同月弐		拾日大阪市北区長から送付㊞	平成五年壱月拾七日夫とともに乙川英助を養子とする縁組届出同月弐	十八番地乙野梅子戸籍から入籍㊞	昭和四拾六年壱月拾日甲野太郎と婚姻届出京都市上京区小山初音町	昭和弐拾年壱月八日京都市上京区で出生同月拾日父届出入籍㊞
出生			母	父	出生	妻		母	父
昭和四拾六年拾壱月弐日	雄三		甲野梅子	甲野太郎 長男	昭和弐拾年壱月八日	梅子		春子 長女	乙野二郎 長女

209

《資　料》

〈改製原戸籍謄本例（３）〉

番地乙原信吉戸籍に入籍につき除籍㊞	平成七年拾月参日乙原信吉と婚姻届出東京都千代田区平河町一丁目八	日同市長から送付入籍㊞	昭和五拾壱年七月九日千葉県千葉市で出生同月拾参日父届出同月拾五		籍㊞	ら送付神戸市生田区元町通三丁目七番地に夫の氏の新戸籍編製につき除	平成六年弐月拾九日甲山治郎と婚姻届出同月弐拾壱日大阪市北区長か		昭和四拾八年弐月拾五日東京都千代田区で出生同月拾九日父届出入籍
出生 昭和五拾壱年七月九日	✕ み ち ✕	父 甲 野 太 郎 母 甲 野 梅 子 二女		出生 昭和四拾八年弐月拾五日	✕ ゆ り ✕			父 甲 野 太 郎 母 甲 野 梅 子 長女	

甲野太郎

210

《資　料》

〈改製原戸籍謄本例（4）〉

日親族甲野太郎届出除籍㊞	平成参年弐月拾参日午後八時参拾分東京都千代田区で死亡同月拾五	日同区長から送付入籍㊞	昭和六拾弐年壱月六日千葉市稲毛区で出生同月拾七日母届出同月弐拾	日同区長から送付入籍㊞	昭和六拾年参月弐拾日乙野梅子戸籍から入籍㊞	平成五年四月拾弐日乙野二郎同人妻春子の養子となる縁組届出同月拾六日京都市上京区長から送付同区小山初音町十八番地乙野二郎戸籍に入籍につき除籍㊞	昭和六拾年参月弐拾日母の氏を称する入籍届出京都市上京区小山初音町十八番地乙野梅子戸籍から入籍㊞	日同区長から送付入籍㊞	昭和四拾壱年参月拾七日横浜市中区で出生同月八日母届出同月弐拾		
出生　昭和六拾弐年壱月六日	芳次郎	母 ✕	父 甲野梅子 甲野太郎　二男	出生　昭和四拾壱年参月拾七日	英子 ✕		母　乙野梅子	父			女

211

《資　　料》

<改製原戸籍謄本例（５）>

	戸籍編製につき除籍㊞	平成八年八月弐日分籍届出東京都中央区日本橋宝町一丁目一番地に新	平成八年七月五日夫乙原信吉と協議離婚届出同月七日横浜市中区長から送付同区本町一丁目八番地乙原信吉戸籍から入籍㊞		音町二十番地乙川孝助戸籍から入籍㊞	平成五年壱月拾七日甲野太郎同人妻梅子の養子となる縁組届出（代諾者親権者父母）同月弐拾日大阪市北区長から送付京都市上京区小山初	平成参年五月壱日東京都千代田区で出生同月六日父届出入籍	
出生		母	父	出生	義母	義父	母	父	
昭和五拾壱年七月九日	み　ち	甲野梅子二女	甲野太郎二	平成参年五月壱日	英　助	甲野梅子養子	甲野太郎	甲野冬子男	乙川孝助二

郎太　野甲

この謄本は、原戸籍の原本と相違ないことを認証する。

平成弐拾参年四月拾壱日

東京都千代田区長　　○○　○○　㊞

212

《資　料》

〈戸籍全部事項証明書（戸籍謄本）例2〉　　（2の1）　全部事項証明

本　籍	石川県金沢市広坂一丁目1番地
氏　名	甲野雄三
戸籍事項 　戸籍編製	【編製日】平成11年1月1日 【編製事由】平成6年法務省令第51号附則第2条第1項による改製
戸籍に記録されている者	【名】　雄三 【生年月日】昭和46年11月2日　　【配偶者区分】夫 【父】甲野太郎 【母】甲野梅子 【続柄】長男
身分事項 　出　生	【出生日】昭和46年11月2日 【出生地】東京都千代田区 【届出日】昭和46年11月10日 【届出人】父
推定相続人廃除	【推定相続人廃除の裁判確定日】平成8年3月16日 【被相続人】父　甲野太郎 【届出日】平成8年3月20日 【届出人】父 【送付を受けた日】平成8年3月23日
婚　姻	【婚姻日】平成9年3月6日 【配偶者氏名】丙野桜子 【従前戸籍】東京都千代田区平河町一丁目10番地　甲野太郎
戸籍に記録されている者	【名】　桜子 【生年月日】昭和48年5月1日　　【配偶者区分】妻 【父】丙野正之 【母】丙野洋子 【続柄】長女
身分事項 　出　生	【出生日】昭和48年5月1日 【出生地】石川県小松市 【届出日】昭和48年5月12日 【届出人】父 【送付を受けた日】昭和48年5月19日 【受理者】石川県金沢市長
婚　姻	【婚姻日】平成9年3月6日 【配偶者氏名】甲野雄三 【従前戸籍】石川県金沢市兼六町一丁目100番地　丙野正之

発行番号　△△00－00690　　　　　　　　　　　　　　　　　　　以下次頁

《資　　料》

		（2の2）	全部事項証明
戸籍に記録されている者	【名】　雄太 【生年月日】平成9年12月28日 【父】甲野雄三 【母】甲野桜子 【続柄】長男		
身分事項 　　出　　生	【出生日】平成9年12月28日 【出生地】石川県金沢市 【届出日】平成10年1月7日 【届出人】父		
			以下余白

発行番号　△△00－00690

　　これは，戸籍に記録されている事項の全部を証明した書面である。

平成23年4月11日

　　　　　　　　　　　石川県金沢市長　　　　〇　〇　〇　〇　㊞

《資　料》

〈相続放棄申述受理証明書例〉

相続放棄申述受理証明書

（申述人）	（事件番号）		
◇　◇　◇　◇	昭和 平成	△△年（家）第	××号
□　□　□　□	昭和 平成	△△年（家）第	××号
☆　☆　☆　☆	昭和 平成	△△年（家）第	××号
	昭和 平成	年（家）第	号
	昭和 平成	年（家）第	号
	昭和 平成	年（家）第	号

被相続人　〇〇〇〇（平成△△年△△月△△日死亡）に対する上記申述人　名の相続放棄申述は，当裁判所において平成　年　月　日受理されたことを証明する。

　　　平成　年　月　日
　　　　　　◎　◎家庭裁判所××支部
　　　　　　　　裁判所書記官　▽▽▽▽

　家庭裁
　判所㊞
　　　　　　　　　　　　　　　　　書記
　　　　　　　　　　　　　　　　　官㊞

215

《資　　料》

〈法定相続分にもとづく払戻通知書例〉

相続貯金払戻通知書

　この度は，○○○○殿がお亡くなりになられ，誠にご愁傷様でございます。心よりお悔やみ申しあげます。
　故○○○○殿におかれましては，生前当組合をご利用頂き厚くお礼申しあげます。
　さて，故○○○○殿の相続貯金について，今般，故○○○○殿の相続人である◎◎◎◎殿から，遺言はなく遺産分割協議が成立しないことから，故○○○○殿の相続貯金について法定相続分の払戻請求がありました。
　つきましては，当組合では下記の貯金について，法定相続分の範囲内で◎◎◎◎殿の払戻請求に応じる所存でありますので，相続人である貴殿にご通知申しあげます。
　なお，当該貯金の払戻しに異議がある場合は，家庭裁判所で調停中などの法的理由を明示のうえ，文書で平成○○年○○月○○日までに当組合へお申出ください。
　また，その場合は，◎◎◎◎殿へも同様の申出をしてください。

　　　　　　　　　　　記

1．普通貯金　1,500,000円
2．定期貯金　8,000,000円

　　　　　　　　　　　　　　　　　　　　　　　以上

　平成○○年○○月○○日

○○市○○町○○×××番地
　　　□　□　□　□　殿

　　　　　　　　　　　　○○市○○町○○×××番地
　　　　　　　　　　　　　△△△△農業協同組合
　　　　　　　　　　　　　代表理事組合長▽▽▽▽　㊞

《資　料》

〈遺産分割協議書例〉

遺産分割協議書

　共同相続人　石川まつ，石川利長，石川利常は，被相続人　石川利家の遺産についての分割協議により，次のとおり分割することを決定した。

第1項　相続人　石川まつは次の遺産を相続する。
　　　石川県金沢市古府1丁目220番　宅地180㎡
　　　同所同番地　家屋番号1番　木造瓦葺2階建　居宅144㎡

第2項　相続人　石川利長は次の遺産を相続する。
　　　百万石農協古府支店の被相続人名義の定期貯金100万円

第3項　相続人　石川利常は次の遺産を相続する。
　　　百万石農協古府支店の被相続人名義の定期貯金200万円

第4項　相続人　石川まつは，第1項から第3項に記載する遺産以外の現金その他の遺産すべてを相続する。

第5項　葬儀費用，固定資産税，今後の祭祀にかかる費用等のいっさいは，相続人　石川まつの負担とする。

　以上のとおり協議が成立したことを証するため，この協議書3通を作成して各自署名押印し，各1通ずつ保有する。

　平成23年5月31日

　　　　　　　　　　　　　石川県金沢市古府1丁目220番地
　　　　　　　　　　　　　　相続人　石　川　ま　つ　㊞
　　　　　　　　　　　　　石川県小松市園町ハ36番地1
　　　　　　　　　　　　　　相続人　石　川　利　長　㊞
　　　　　　　　　　　　　石川県七尾市藤橋町申40番地2
　　　　　　　　　　　　　　相続人　石　川　利　常　㊞

217

《資　　料》

〈公正証書遺言例〉

平成20年第123号

遺言公正証書

本公証人は，遺言者の嘱託により，この公正証書を作成する。
　　石川県金沢市広坂１丁目１番地
　　　不動産賃貸業　　遺言者　　石川利家　　昭和３年６月26日生

　上記の者は，面識がないから適法の印鑑証明書の提出により，人違いでないことを証明させた。
　遺言者は，次の者をこの遺言の証人に選定した。
　　石川県金沢市香林坊１丁目100番地
　　　弁護士　証人　　越前勝家　　昭和20年４月14日生
　　石川県金沢市尾張町２丁目123番地
　　　法律事務所職員　証人　　越中成政　　昭和30年３月24日生

　遺言者は，上記証人の立会いをもって本公証人に対し，遺言の趣旨を口授した。
　よって，本公証人は，その聴取した遺言者の口述を次に筆記する。

遺言の本旨

第１条　遺言者は，その所有する下記の不動産を遺言者の長男　石川利長（昭和31年３月13日生）に相続させる。
　　　石川県金沢市広坂１丁目１番１号　宅地180㎡
　　　同所同番地　家屋番号１番　木造瓦葺２階建　居宅144㎡

第２条　遺言者は，遺言者の権利に属する百万石農業協同組合の定期貯金全部を大阪市東成区森ノ宮３丁目４番５号に居住する　細川正子（昭和10年２月18日生）に遺贈する。

第３条　遺言者は，第１条および第２条記載の財産を除くその余の遺言者の所有および権利に属する財産の全部を妻　石川まつ（昭和８年１月19日生）に相続させる。

第４条　葬儀費用，固定資産税，今後の祭祀にかかる費用等のいっさいの負担する者ならびに祖先の祭祀を主宰する者として，遺言者の長男　石川利長（昭和31年３月13日生）を指定する。

《資　　料》

第5条　1　遺言者は，この遺言の執行者として，前記弁護士　越前勝家を指定する。
　　　　2　遺言執行者は，預貯金債権の名義変更，払戻し，解約，銀行の貸金庫開扉の権限も有する。
　本公証人は，この証書を遺言者および証人に読み聞かせたところ，各自筆記の正確なことを承認して，次に署名捺印する。

　　　　　　　　　　　　　　　遺言者　石　川　利　家　㊞
　　　　　　　　　　　　　　　証　人　越　前　勝　家　㊞
　　　　　　　　　　　　　　　証　人　越　中　成　政　㊞

　この証書は，平成23年3月3日本公証役場において民法969条の規定に従い作成し，本公証人にこれを附記して次に署名捺印する。

石川県金沢市武蔵6番1号
　　金沢地方法務局所属
　　　　公証人　尾　張　信　長　㊞

　この正本は，前日同所において公正証書の原本により作成し，嘱託人石川利家に交付する。

石川県金沢市武蔵6番1号
　　金沢地方法務局所属
　　　　公証人　尾　張　信　長　㊞

《資　料》

〈自筆証書遺言例〉

自筆証書遺言

遺言者　石川利家は，以下のとおり遺言する。

第1条　次の不動産を長男　石川利長に相続させる。
　（1）石川県金沢市広坂1丁目1番1号　宅地180㎡
　（2）同所同番地　家屋番号1番　木造瓦葺2階建　居宅144㎡

第2条　百万石農業協同組合の定期貯金全部を大阪市東成区森ノ宮3丁目4番5号に居住する　細川正子に遺贈する。

第3条　第1条および第2条記載の財産を除くその余の遺言者の所有および権利に属する財産の全部を妻　石川まつに相続させる。

第4条　葬儀費用，固定資産税，今後の祭祀にかかる費用等のいっさいを負担する者ならびに祖先の祭祀を主宰する者として，長男　石川利長を指定する。

平成23年1月1日

　　　　　　　　　　　　　　　金沢市古府1丁目220番地
　　　　　　　　　　　　　　　　石　川　利　家　㊞

《資　　料》

〈遺言にもとづく払戻通知書例〉

相続貯金払戻通知書

　この度は，お父様がお亡くなりになられ，誠にご愁傷様でございます。心よりお悔やみ申しあげます。

　お父様におかれましては，生前当組合をご利用頂き厚くお礼申しあげます。

　さて，貴殿のお父様は当組合との間で貯金取引をなされておりましたが，今般，平成〇〇年〇〇月〇〇日付金沢地方法務局所属公証人〇〇〇〇作成平成〇〇年第〇〇〇号遺言公正証書にもとづき，相続人の◎◎◎◎殿より相続貯金の払戻請求がありました。

　当組合では，遺言書にもとづき◎◎◎◎殿の払戻しに応じる所存でありますので，念のため，相続人である貴殿にご通知申しあげます。

　なお，当該貯金の払戻しに異議がある場合は，文書で他に遺言があるなどの法的理由を明示のうえ，平成〇〇年〇〇月〇〇日までに当組合へお申出ください。

　また，その場合は，◎◎◎◎殿へも同様の申出をしてください。

記

1．普通貯金　　３，０００，０００円
2．定期貯金　２０，０００，０００円

以上

　　平成〇〇年〇〇月〇〇日

　　〇〇市〇〇町〇〇×××番地
　　　　□　□　□　□　殿

〇〇市〇〇〇丁目××番地〇
△△△△農業協同組合
代表理事組合長▽▽▽▽㊞

ＪＡ相談事例集　相続・高齢者取引編

2011年10月15日　第1刷発行

監修者　桜井　達也
編　者　経法ビジネス出版㈱
発行者　下平　晋一郎
発行所　㈱経済法令研究会
〒162-8421　東京都新宿区市谷本村町3-21
電話　代表03-3267-4811　制作03-3267-4897

営業所／東京03(3267)4812　大阪06(6261)2911　名古屋052(332)3511　福岡092(411)0805

イラスト／若葉　制作／経法ビジネス出版㈱　中島基隆　印刷／日本ハイコム㈱

©Keihou-business Syuppan 2011　　　　　　　ISBN978-4-7668-4202-9
Printed in Japan

"経済法令グループメールマガジン"配信ご登録のお勧め
当社グループが取り扱う書籍、通信講座、セミナー、検定試験に関する情報等を皆様にお届けいたします。下記ホームページのトップ画面からご登録ください。
☆　経済法令研究会　　http://www.khk.co.jp/　　☆

定価はカバーに表示してあります。無断複製・転用等を禁じます。落丁・乱丁本はお取替えします。